完全不添加色素

完全不添加防腐剂

盛夏的冰激凌

（韩）李知垠 著 郑丹丹 译

使 用 天 然 原 料 味 道 更 加 甜 美

河南科学技术出版社

·郑州·

作者简介

李知垠 在美国旧金山FIDM(Fashion Institute of Design & Merchandising)攻读视觉传达专业，在韩国淑明女子大学进修韩国传统食品课程以及儿童料理指导者课程。
曾担任La Cuisine食品设计师，现经营Home Cooking工作室并教授外国人及儿童料理课程。
曾担任Leescom出版社《美味的礼物料理》一书的设计和礼物包装师。

译者简介

郑丹丹 毕业于吉林大学韩国语系，后作为中韩政府间交换学生，赴韩国延世大学韩国学系学习并取得硕士学位。曾供职于韩国驻广州总领事馆，担任首席随行翻译及行政助理。现为河南财经政法大学外国语言文学系教师，从事韩国语教学及研究工作，发表论文多篇，并多次担任中韩大型会议翻译。著有《生活韩国语》，译著有《韩国语能力考试应试宝典》《韩国语实用语法》等。

在家里亲自制作不含添加剂的天然冰激凌吧

入口即化，满嘴充溢着甜蜜、清爽、绵软的余味，这就是冰激凌带给我们的美好感觉。

尽管很多人都非常喜欢冰激凌，但您是否知道市售冰激凌中含有大量色素、乳化剂等食品添加剂呢？不仅是食品添加剂，其中使用的牛奶也并非真正的牛奶，而是由加工油脂和硬化油制作而成的。如果考虑到如此大量的添加剂都原封不动地积存到我们体内，恐怕冰激凌给您带来的就不仅仅是甜美的感觉了。

从现在起，让我们为了珍爱的孩子和亲爱的恋人亲自来制作冰激凌吧！也许会有人说："冰激凌还值得在家里直接制作？"但其实冰激凌才真的是最适合在家里制作的零食：原料需求简单，只需牛奶、鲜奶油、白糖，就可以制作最基本的冰激凌；制作方法也非常简便，冷冻后使其凝固，搅拌1~2次后再次进行冷冻即可。

无任何人工添加剂，仅使用天然原料制作而成的冰激凌与市售冰激凌相比，具有更美好的味道和更丰富的营养。甜味也可依照个人口味调节，更关键的是，即使是正在减肥中的人或患有敏感性皮肤炎的孩子也可放心食用。

使用天然原料来制作更加美味的冰激凌，在《盛夏的冰激凌》一书中，从基本款冰激凌和冰沙、格兰尼它以及果汁冰糕、用于餐后甜点的冰激凌，到著名的冰激凌专卖店中热卖的冰激凌，应有尽有。依照本书中的说明制作，您一定能够制作出比市售冰激凌更加特别的冰激凌。

从现在就开始用健康的甜品——在家中制作的冰激凌来装点我们甜美的生活吧。

目录

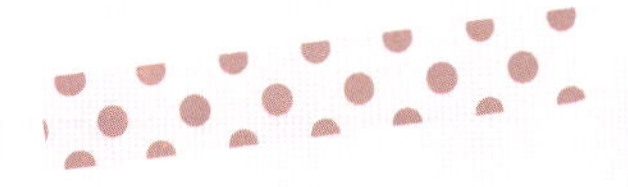

Part 1 基本款冰激凌

Part 2 冰沙

Part 3
格兰尼它&果汁冰糕

Part 4
冰激凌餐后甜点

Part 5
专卖店招牌冰激凌

冰激凌的基本原料

冰激凌的基本原料非常简单，仅需要牛奶、鸡蛋、鲜奶油、糖。在此基础上如果能够进一步兼顾冰激凌的口感和样式，就能够制作出毫不逊色于专卖店水准的冰激凌。

牛奶

这是制作冰激凌所需的最基本的原料。虽然可以用低脂牛奶代替一般牛奶，但与使用一般牛奶相比，成品柔和的口感会有所下降。

鲜奶油

有一种植物鲜奶油是由从牛奶中离心分离出的动物性鲜奶油添加了乳化剂、酸度调节剂等食品添加剂制作而成的，不建议使用。无论是从口感，还是从健康的层面来考虑，使用无食品添加剂的原油100%生奶油较好。

鸡蛋

鸡蛋的蛋黄能够在水与脂肪相混合时起到天然乳化剂的作用。此外，相对于不添加蛋黄的冰激凌，添加有蛋黄的冰激凌口感更加浓郁醇香。

糖

糖的添加量可以根据刻度来进行调节。但是，如果糖添加过少，会导致冰激凌颗粒粗糙过硬；如果添加过多，冰激凌则不会结冻。使用有机糖效果会更好。

糖浆

可以使用蜂蜜、龙舌兰糖浆、枫糖糖浆代替糖。相对于糖，使用糖浆时，成品口感将更加柔和。在用量方面，蜂蜜和糖等量，龙舌兰糖浆比糖少放30%，枫糖糖浆比糖多放1.5倍的量即可。

盐

在制作冰激凌时，添加少量盐能够令甜味加强，使原料固有的味道得以提升。使用精盐效果会更好。

柠檬

将柠檬榨汁使用，或者将柠檬皮切成细丝使用。在将鲜奶油和鸡蛋进行打发时，可以添加柠檬汁去除腥味。柠檬皮主要适用于制造较浓的柠檬香味。柠檬皮也可在糖水中煮泡后用于装饰配料。

香草

不仅在制作香草味冰激凌时可以使用，在所有的冰激凌中适量添加都可以令味道更加甜美，而且可以去除鸡蛋的腥味。使用香草豆荚时，香味最为浓郁，但价位较高，也可以使用香草含量较多的香草香精代替。还可以在400g糖中放入1个香草豆荚，制成香草糖。如果添加了香草糖，则不需要另外添加香草香精。

水果

这是家庭手工制作冰激凌的最佳原料。将水果切分后放入冰激凌或者放入糖水中煮泡后添加。橙子、柠檬等柑橘类水果可以榨汁使用或者利用表皮，给冰激凌增添香甜口味。芒果、菠萝、香蕉等热带水果也经常被选用，其中椰果和牛奶是绝佳搭配。

巧克力

可可脂的含量越高，口感和香味就越浓厚。一般经常使用的是可可脂含量40%左右的考维曲（couverture）。可可粉多使用于甜味不浓的冰激凌中，当需要使用巧克力丁来增加香味和装饰时，一般选用市售的巧克力丁或将考维曲切成小颗粒使用。

坚果

与冰激凌混合在一起或者作为装饰配料使用，咀嚼时香甜可口。和空气接触会发生氧化，所以应选用新鲜、密封良好的坚果。在烤箱中加热后，口感和质感更加完美。在175℃的烤箱中，捣碎的烤3分钟，未经捣碎的烤10分钟即可。但开心果烤后颜色会发生变化，所以选用新鲜的直接使用即可。

利口酒

在制作冰激凌的过程中具有两种作用。防止冰激凌冷冻过硬，从而增加绵软的质感，增添更多风味。但是如果添加过多，会导致冰激凌无法冷冻，所以应格外注意用量。当为孩子或者不能喝酒的人制作冰激凌时，也可将其从配方中去除。

需要准备的制作工具

在制作冰激凌时并不需要准备特别的工具。但选用合适的工具则会令制作过程更为便利。请先了解所需工具并着手准备吧。

量勺

1大勺（15ml）、1小勺（5ml）、1/2小勺（2.5ml）、1/4小勺（1.25ml）四个组成的一组量勺和单独的1大勺（15ml）、1小勺（5ml）。因为每种原料的重量都不同，所以最好记清楚常用原料的1勺是多少克。

计量杯

分为液体用计量杯和粉末用计量杯。液体用计量杯为了倾倒液体方便，设计有尖尖的杯嘴，而粉末用计量杯则没有。应将二者区分使用。

秤

为了准确称取原料的量所必备的工具。相对于刻度尺，使用电子秤更好。电子秤可精确到克，适合用于精确计量。

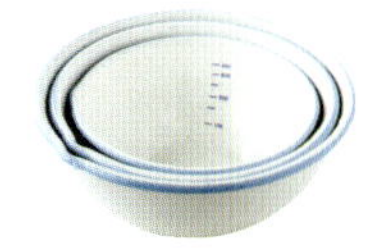

盆

在搅拌原料时或者盛装冰块将蛋奶羹冷却时使用。不锈钢材质较好，依照大小准备两三个，使用非常方便。如果标注有刻度则更加便利。

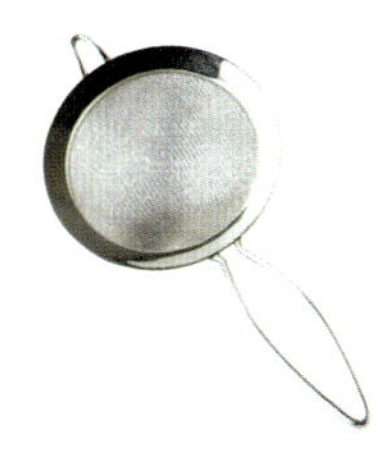

筛网

在制作冰激凌糊时、利用有籽的水果制作水果泥时和过滤调味料时使用。在磨碎水果或将调味料融化后利用筛网再过滤一遍，能够使口感更加绵软。

刮板

在搅拌原料时或清理刮掉原料时使用。有能够在高温下使用的硅胶材质刮板和木质刮板。

打蛋器

在打碎鸡蛋和搅拌原料时使用。选择结实且无缝的打蛋器，不会夹杂进杂质，使用更方便。

铰刀

在挤压柠檬、橙子等柑橘类果实果汁时使用。和榨汁机不同，铰刀具有手柄，可以手握使用。由于尺寸不同，可根据水果大小选择。

剥皮器、磨碎机

可以将柠檬、橙子等的果皮切割成小而薄的形状。为了增添香味，可以将柠檬或橙子的果皮和果汁一同添加使用，效果更佳。

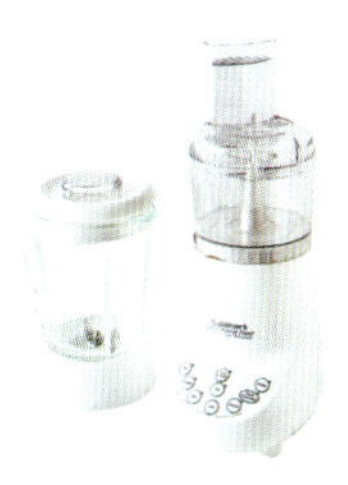

搅拌器、食品加工器

搅拌器可以在磨碎并搅拌水果等有汁的原料时使用。在将水果制成水果泥时需要用到，在对不易进行搅拌的原料进行均匀搅拌时也经常用到。食品加工器主要用于坚果等没有汁液的原料。

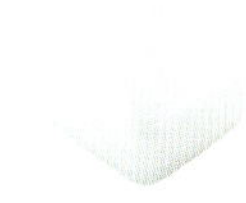

冰激凌容器

在盛装冰激凌并进行冷冻、挖出、保管时使用。使用较薄且宽的容器，才易于将容器底部的冰激凌都彻底挖干净。当盛装以水果为主要原料的冰激凌时应避免使用铝制材料容器，因为水果的酸性物质与铝发生反应后易产生金属味道。

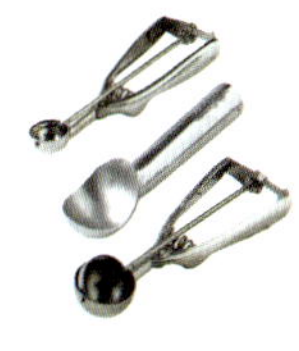

冰激凌勺

能够将冰激凌挖出圆球的形状，大小及种类十分多样化。准备一两种，可以根据碗的大小或餐后甜点的种类制作出适宜的冰激凌样式。

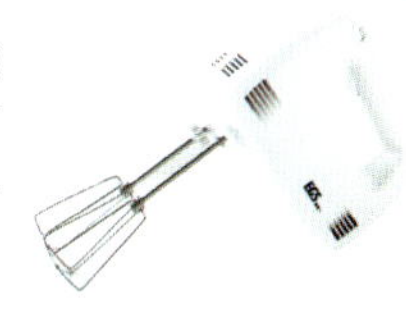

手提式搅拌器

在制作蛋白酥或将鲜奶油打出泡沫时使用，更加省力，速度更快。在制作冰激凌的过程中，每2小时用叉子进行搅拌的程序也可以用手提式搅拌器进行。

温度计

在制作冰激凌糊时，需将蛋黄、糖、温牛奶加热至77~79℃进行杀菌，如果温度超过85℃，蛋奶糊会结块。为了控制温度，需要测量蛋奶糊温度的温度计。

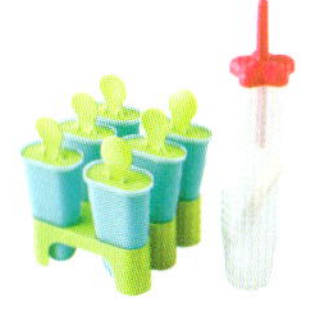

冰激凌模具

在制作冰棒时所需要的模具。将冰激凌液体倒入模具中，无须每2小时要搅拌的程序，即可简便制作出冰棒。如果没有模具，可以使用纸杯或塑料杯，用胶带固定上杆子使用。

冰激凌机

可以简便地制作冰激凌。在冰激凌解冻前，混入未打发的鲜奶油，放进机器即可。无须将鲜奶油打出泡沫，也不用在冻结过程中用叉子搅拌。

制作冰激凌的基本要领

在家中制作冰激凌比想象中要简单。将牛奶、鲜奶油、糖等原料均匀搭配并冷冻即可。熟悉基本要领后，再添加自己喜欢的原料，即可制作出更加多样的口味。

如果是手工制作……

需要多次反复进行搅拌和冷冻

原料 牛奶200ml，鲜奶油200ml，蛋黄2个，糖75g

1 将牛奶倒入锅内加热，直到四周出现泡沫。

2 用打蛋器搅拌蛋黄与糖后，一边慢慢倒入牛奶，一边均匀搅拌。

3 将步骤2一边搅拌一边加热至77~79℃，再倒入筛网进行过滤。

4 在盆中盛装冰块，并将步骤3冷却至5℃。

5 将鲜奶油打出少许泡沫，与步骤4混合后制作出冰激凌糊。

6 将冰激凌糊倒入扁平且宽的碗中，冷冻约2小时后取出，用叉子均匀搅拌后再次冷冻。

7 2小时后再次取出，用叉子搅拌后再次冷冻。最后以30分钟为间隔，反复1~2次该过程。

Tips 将牛奶、蛋黄、糖搅拌并加热时，温度过高会造成蛋奶糊结成块状。此时应立即停止加热，并用搅拌器均匀搅碎后用筛网过滤。如果没有温度计，则将刮板插入蛋奶糊，并用手指画一条线，如果能够留下痕迹，则可判断制作成功。
奶油冰激凌不必另外制作冰激凌糊，原料直接相混合即可完成。

如果使用冰激凌机制作

将冰激凌机的冷却缸提前冷却准备好

原料 牛奶200ml，鲜奶油200ml，蛋黄2个，糖75g

1 将牛奶倒入锅内加热，直到四周出现泡沫。

2 用打蛋器搅拌蛋黄与糖后，一边慢慢倒入牛奶，一边均匀搅拌。

3 将步骤2一边搅拌一边加热至77~79℃，再倒入筛网进行过滤。

4 在盆中盛装冰块，并将步骤3冷却至5℃。

5 将鲜奶油与步骤4混合后制作出冰激凌糊。

6 将提前冷却准备好的冷却缸装进机器并打开电源。在旋转的冷却缸内倒入冰激凌糊，令机器运转25~30分钟。

Tips 将冰激凌机的冷却缸提前7小时取出并预先冷却。只有冷却缸被冷却至非常冰冷的状态，才能达到最好的效果。如果要放入装饰配料，可以选择在冰激凌即将完成的5分钟前，放置进旋转的冷却缸内。冰激凌糊和装饰配料也应该尽量保持冰凉的状态。

增添美味与美观的酱&装饰配料

酱与装饰配料能够增添风味，增加美感。这里我们将为您一并介绍简单易学的家庭制作酱与装饰配料的方法，还有市面上有售的一些相关产品。

覆盆子酱

覆盆子100g，糖45g，柠檬汁5ml

1 将覆盆子、糖与柠檬汁搅拌后倒入搅拌器中进一步搅拌。

2 用筛网过滤。

蓝莓酱

蓝莓100g，糖30g，柠檬汁5ml，水淀粉5ml（淀粉3g，水5ml）

1 在盆中放入蓝莓和糖，进行水煮。

2 在步骤1中放入水淀粉和柠檬汁搅拌均匀后，减小火力再煮约1分钟。

摩卡酱

浓咖啡100ml，巧克力100g，卡噜哇酒5ml

1 在锅中放入浓咖啡和巧克力，用小火进行融化。

2 当巧克力全部融化后，用中火再煮约2分钟。冷却后放入卡噜哇酒并搅拌均匀。

市售糖浆&酱

草莓糖浆

适合与冰激凌糊搅拌后冷却。也可以直接挤在冰激凌上食用。

水果糖浆

用水进行稀释后可以制作成果汁的浓缩糖浆。可以配合冰激凌、酸奶、蛋糕一同食用，也可以用来制作鸡尾酒。

巧克力糖浆

与草莓糖浆并列为最受欢迎的人气商品。不仅适用于冰激凌，同样适用于其他的餐后甜点。

意大利香脂奶油

是由意大利香脂醋熬制而成的酱。酸甜可口，香味浓郁，不仅适用于冰激凌，也经常用于沙拉中。

杏仁糖

杏仁50g，糖50g

1 用小火将糖融化至红褐色后放入杏仁，均匀搅拌。

2 将步骤1展平在烘烤盘或羊皮纸上冷却。切割成适合食用的大小或捣碎后食用。

橘皮蜜饯

橘子1个，糖100g，水100ml

1 将橘子用盐水清洗干净后，用剥皮器去皮。将剥下的果皮煮15分钟后，用凉水漂洗。

2 将漂洗过的果皮加糖、水用小火熬15分钟左右。

松露巧克力

鲜奶油70ml，巧克力125g，可可粉适量

1 将鲜奶油用中火加热后，关掉火，将巧克力切成适当大小后放进鲜奶油进行融化。

2 将融化后的巧克力冷冻约1小时后，用手揉搓成圆形，并沾上可可粉。

市售装饰配料

黑甜樱桃

将樱桃放进糖中熬制的装饰配料。不仅用于装饰冰激凌，还用于做馅饼的馅或蛋糕装饰配料。

威化饼

也被称作“维夫饼”，是华夫饼的一种。干脆可口，令冰激凌更加美味香甜。

焦糖

用牛奶、鲜奶油、糖和黄油制成的一种糖果。切割成细小碎块搭配冰激凌使用，咀嚼起来口感柔韧，冰激凌更显甜美。

棉花软糖

软软乎乎、柔韧甜美。具有多彩的色泽，非常适用于装饰冰激凌。稍微融化后夹在饼干中间食用也非常美味。

家庭制作冰激凌蛋卷&底托

将冰激凌盛装在蛋卷或底托中食用将更加美味。将冰激凌放进孩子们喜欢的华夫饼或巧克力制成的底托中吧。妈妈的爱将得到双倍的传达哦。

面粉45g，蛋白1个，糖40g，融化后的黄油15g，盐少许

1. 将蛋白与糖均匀搅拌。
2. 在步骤1中放入大部分的面粉和盐并充分搅拌。
3. 在步骤2中放入融化后的黄油和剩余的面粉后充分搅拌。
4. 将和好的面糊一勺一勺倒入烘烤盘中平铺成薄薄一层。
5. 放入175℃烤箱中烤10~15分钟，变为褐色后，戴上手套或使用茶巾将其卷捏成圆锥形状。

底托

面粉45g，蛋白1个，糖40g，融化后的黄油15g，盐少许

1. 将蛋白与糖均匀搅拌。
2. 在步骤1中放入大部分的面粉和盐并充分搅拌。
3. 在步骤2中放入融化后的黄油和剩余的面粉后充分搅拌。
4. 将和好的面糊一勺一勺倒入烘烤盘中平铺成薄薄一层。
5. 放入175℃烤箱中烤10~15分钟，变为褐色后，将其放置于倒置的碗上，压制出形状。

巧克力底托

巧克力25g，气球2个

1. 将巧克力融化。
2. 将融化后的巧克力倒入容器。
3. 在气球上沾上巧克力后，再浇注一勺巧克力，并放在冰箱里冷冻。
4. 当巧克力完全冷冻好后，用针将气球扎破。

冰激凌&冰沙种类

冰激凌、意式低脂冰激凌、果汁冰糕……这些冰冻食品仅是听名字就觉得区分起来困难重重。但如果掌握了基本的分类，无论是挑选还是制作起来，都会更加得心应手。

添加鲜奶油的冰激凌

分为两种，一种是由蛋黄、糖、牛奶、鲜奶油制作而成的蛋奶冰激凌，一种是仅用糖、牛奶、鲜奶油制成的奶油冰激凌。相对于奶油冰激凌，蛋奶冰激凌的口感更加绵软爽口，在其中添加不同的原料则能够制作出更加多样化的冰激凌。从蛋奶冰激凌的配方中去掉蛋黄，就变成了奶油冰激凌，反之，在奶油冰激凌的配方中加入蛋黄，就变成了蛋奶冰激凌。

爽口且柔韧的意式低脂冰激凌

是传统意大利式的冰激凌，与一般冰激凌相比，蛋黄和牛奶的添加量更多，而糖和鲜奶油的添加量则偏少，所以口感更加清爽。同时，相对于一般冰激凌，采取的是渐渐冷冻的方式，空气含量少，所以更加柔韧。使用意式低脂冰激凌机制作会更加简单，如果没有机器，则在大盆中放入冰块和盐，将装有冰激凌糊的碗放在盆中，一边搅拌一边逐渐冷冻30分钟即可。

甜香清脆的冰沙

也被称作“冰冻果子露”，口感清脆柔和。一般是在水果泥或果汁中添加牛奶、蛋白、果子冻制成。每隔2小时需要手动搅拌，这一程序可用食品加工器或手动搅拌器代替，也可以用冰激凌机制作。

不添加乳制品的果汁冰糕

主要用高糖度的水果制作而成。与冰沙相似，但并不添加乳制品和蛋白。同样，每隔2小时需要手动搅拌，这一程序可用食品加工器或手动搅拌器代替，也可以用冰激凌机制作。

具有尖脆口感的格兰尼它

使用糖度较低的水果或酒制作而成。与果汁冰糕相同，不添加乳制品和鸡蛋。格兰尼它每隔2小时的搅拌程序一定要手工完成。因为不使用食品加工器或手动搅拌器，所以口感会稍尖脆。

ICECREAM

Part 1

基本款冰激凌

家庭制作冰激凌会更有其独特之处

添加牛奶、鲜奶油等自己喜欢的原料，制作出属于自己的冰激凌吧。
家庭制作的冰激凌具有买来的冰激凌无法媲美的特别口感哦。
饱含妈妈关爱的冰激凌能够守护孩子的健康。

vanilla ice cream

香草冰激凌

· 原料 4人份 ·

香草豆荚 1/2个,
牛奶200ml, 鲜奶油200ml,
蛋黄2个, 糖75g

这是一款添加入香草豆荚的经典香草冰激凌，其浓浓的风味是仅仅添加了香草香精或香草油的冰激凌所没有的。

制作

1 将香草豆荚放入牛奶中并加热 将香草豆荚切成两半，取出香草豆，连同豆荚外皮一同放入牛奶中煮。

2 搅拌蛋黄、糖、牛奶 将蛋黄和糖放入碗中并用打蛋器搅拌，同时将加热后的牛奶一点点倒入并不断搅拌。

3 加热原料并用筛网过滤 将步骤2盛入小锅中，一边均匀搅拌一边加热至77~79℃，之后用筛网过滤。

4 用冰块冷却 在盆中装进冰块，放置在步骤3的下方，冷却至5℃。

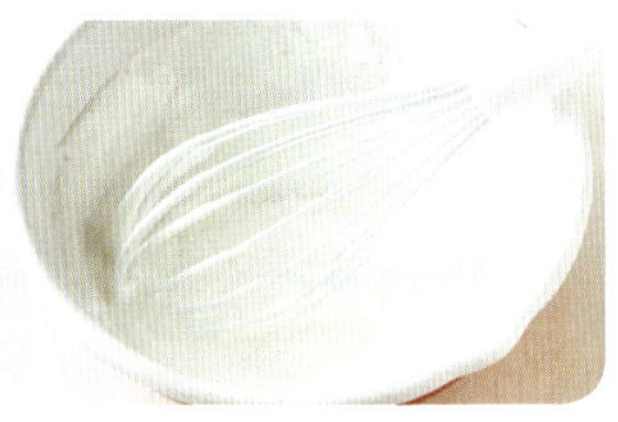

5 添加鲜奶油并冷冻 将鲜奶油稍微打出一点泡沫后加入步骤4中，冷冻约2小时。

6 搅拌并冷冻 用叉子搅拌步骤5，继续冷冻2小时后再次用勺子搅拌并冷冻。以30分钟为间隔反复此过程1~2次。

任何一款酱或装饰配料都适合与香草冰激凌相搭配。仅利用冰箱中剩余的水果或坚果也能够锦上添花。

chunky chocolate ice cream

矮胖巧克力冰激凌

· 原料 4人份 ·

牛奶考维曲100g，
牛奶考维曲粒50g，
牛奶200ml，鲜奶油200ml，
蛋黄2个，糖45g

巧克力冰激凌中富含巧克力块。口味香甜浓厚，只要一口就能够消除深深的疲惫感。

制作

1 搅拌原料并加热 用打蛋器搅拌蛋黄、糖，缓缓倒入牛奶后，一边搅拌一边加热至77~79℃。

2 融化考维曲并用筛网过滤 在步骤1中放入牛奶考维曲，融化后用筛网过滤。

3 用冰块冷却 在盆中装进冰块，放置在步骤2的下方，冷却至5℃。

4 添加鲜奶油 将鲜奶油稍微打出泡沫后加入步骤3中。

5 冷冻并搅拌 将步骤4冷冻2小时后，用叉子均匀搅拌，再次冷冻2小时。

6 加入巧克力并冷冻 将步骤5搅拌后放进牛奶考维曲粒，搅拌后冷冻。以30分钟为间隔，反复搅拌和冷冻的过程1~2次。

Tips 考维曲是可可黄油含量为32%~33%的巧克力，用于制作饼干、蛋糕、手工巧克力等食品，在大型超市或点心原料销售处可以买到。

blueberry ice cream

蓝莓冰激凌

· 原料 4人份 ·

牛奶200ml，鲜奶油200ml，蛋黄2个，糖45g，

蓝莓酱：蓝莓100g，糖30g，柠檬汁5ml，水淀粉5ml（淀粉3g，水5ml）

放进满满的紫色蓝莓，制作出来的冰激凌色彩无比亮丽。不仅具有酸酸甜甜的口感，更加富含有利于健康的营养成分。

制作

1 搅拌蛋黄、糖、牛奶 将蛋黄和糖放入碗中并用打蛋器搅拌，同时将加热过的牛奶一点点倒入并不断搅拌。

2 加热原料并用筛网过滤 将步骤1倒入小锅中，一边均匀搅拌一边加热至77~79℃，之后用筛网过滤。

3 添加鲜奶油 在盆中装进冰块，放置在步骤2的下方，冷却至5℃。将鲜奶油稍微打出一点泡沫后添加进去。

4 冷冻并用叉子搅拌 将步骤3冷冻2小时后，用叉子均匀搅拌，继续冷冻2小时。

5 制作蓝莓酱 将制作蓝莓酱的原料放进小锅中，一边搅拌一边用小火煮。（请参考P12）

6 搅拌酱并冷冻 将步骤4用叉子搅拌后加入蓝莓酱并冷冻。每30分钟取出一次，用叉子搅拌后冷冻，反复此过程1~2次。

Tips 效仿蓝莓酱的制作方法，也可制作草莓酱、覆盆子酱，从而制作出草莓冰激凌、覆盆子冰激凌。

caramel macchiato ice cream

焦糖冰激凌

· 原料 4人份 ·

速溶咖啡3g，牛奶200ml，鲜奶油200ml，糖15g，焦糖酱：焦糖50g，鲜奶油75ml

曾经喝过的暖暖的焦糖热饮被制成了凉爽的冰激凌。放进足量的焦糖酱，吃起来不仅有甜美的味道，还有浓郁的咖啡香气。

制作

1 制作焦糖酱 将焦糖放进小锅并用小火融化。当焦糖变成红褐色并开始咕嘟嘟冒泡时，关掉火并加入鲜奶油。

2 加热牛奶、糖、咖啡 将牛奶、糖、速溶咖啡放进小锅内，加热至糖全部融化。

3 添加焦糖酱 在步骤2中放入一半的焦糖酱，搅拌至冷却。

4 添加鲜奶油 将鲜奶油稍微打出泡沫后加入步骤3中。

5 冷冻并搅拌 将步骤4冷冻约2小时后，用叉子均匀搅拌，再次冷冻2小时。

6 添加焦糖酱并冷冻 搅拌步骤5后，将剩余的焦糖酱添加进去后再次冷冻。每30分钟取出一次，用叉子搅拌后冷冻，反复此过程1~2次。

Tips 添加焦糖酱时，如果过于凝固则不利于搅拌。当酱过于凝固时，可以用微波炉或小火加热融化后添加。

banana maple ice cream
香蕉枫糖冰激凌

· 原料 4人份 ·

香蕉1个，
枫糖糖浆90ml，
牛奶200ml，鲜奶油200ml，
蛋黄2个，糖45g

这一款是由香蕉和枫糖糖浆制作而成的冰激凌。食用时在冰激凌上再挤一层枫糖糖浆会更加美味。

制作

1 加热牛奶 将牛奶倒进小锅，加热至周围出现小泡沫时为止。

2 搅拌原料 用打蛋器搅拌蛋黄、糖、枫糖糖浆，将加热过的牛奶缓缓倒入小锅并均匀搅拌。

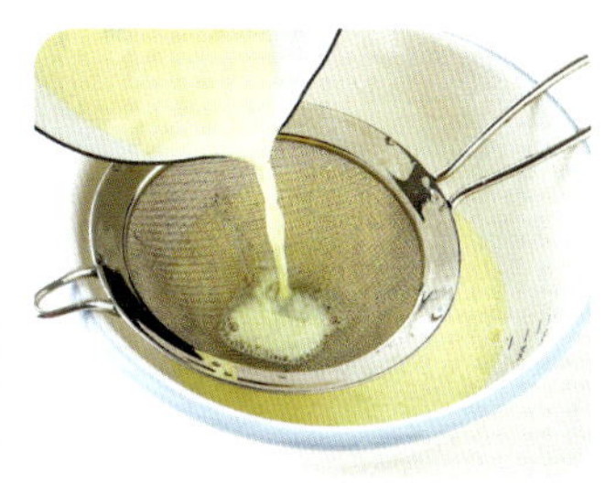

3 加热原料并用筛网过滤 将步骤2倒进小锅内，一边均匀搅拌一边加热至77~79℃，再用筛网过滤。

4 添加鲜奶油 在盆中装进冰块，放在步骤3的下方，冷却至5℃，将稍微打出泡沫的鲜奶油添加进去。

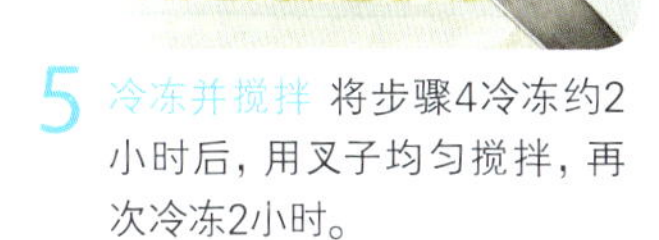

5 冷冻并搅拌 将步骤4冷冻约2小时后，用叉子均匀搅拌，再次冷冻2小时。

6 添加香蕉块后冷冻 搅拌步骤5后加入香蕉块并冷冻。每30分钟取出一次，用叉子搅拌后冷冻，反复此过程1~2次。

Tips 将香蕉切块后撒上少许柠檬汁，能够防止香蕉色泽变黑。

mango coconut ice cream

芒果椰果冰激凌

· 原料 4人份 ·

芒果180g（1个），
椰果奶200ml，
鲜奶油100ml，糖45g，
糖浆：糖30g，
水30ml

椰果奶是几乎可以搭配任何热带水果的原料之一。此款冰激凌由甜美的芒果和浓郁的椰果奶组合而成，来挑战一下具有异国风情的口味吧！

制作

1 制作芒果泥 将芒果去皮后加糖放进搅拌器，搅拌制成芒果泥。

2 制作糖浆 在小锅中放入糖和水，加热至糖完全融化，制作出糖浆。

3 添加鲜奶油 将鲜奶油稍微打出泡沫后与糖浆一起加入椰果奶中。

4 冷冻并搅拌 将步骤3冷冻约2小时后，用叉子均匀搅拌，再次冷冻2小时。

5 添加芒果泥并冷冻 搅拌步骤4并加入芒果泥，再次搅拌并冷冻。每30分钟取出一次，用叉子搅拌后冷冻，反复此过程1~2次。

Tips 也可以用香蕉、菠萝等热带水果代替芒果。香蕉可以切块添加，菠萝则和芒果一样，先做成菠萝泥后再添加。

strawberry semifreddo

草莓半冻冰激凌

· 原料 4人份 ·

草莓160g，
鲜奶油185ml，
鸡蛋1个，蛋黄1个，
糖50g

semifreddo是意大利语“半冻半化”的意思。这款冰激凌中富含鲜奶油，吃一口即能立刻感受到那种丝丝融化的绵软，由此而得名。

制作

1 加热原料 将鸡蛋、蛋黄、糖混合后一边搅拌，一边缓缓加热4~5分钟。

2 搅拌加热后的原料 将步骤1从火上取下，一直搅拌直至颜色变浅并呈黏稠状。

3 添加草莓 将草莓清洗干净后，用叉子捣碎加入步骤2中，并均匀搅拌。

4 添加鲜奶油 将鲜奶油打出泡沫直至软化后加入步骤3中。

5 装入模具并冷冻 将步骤4装入模具并冷冻。

Tips 如果草莓添加过多，则果汁过多，会造成味道不佳。添加入半冷冰激凌中的鲜奶油相对添加入其他冰激凌中的鲜奶油应该多打出些泡沫。

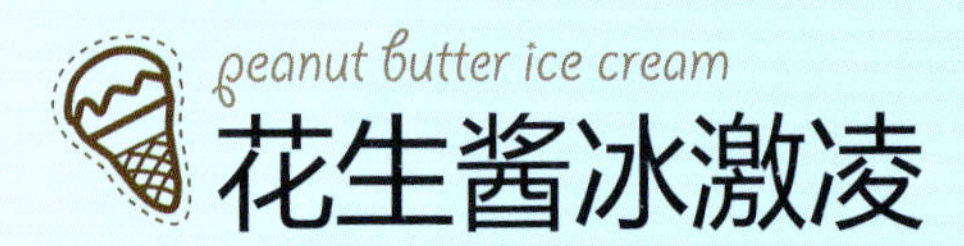

peanut butter ice cream

花生酱冰激凌

· 原料 4人份 ·

花生酱70g，
不甜的可可粉6g，
牛奶200ml，鲜奶油200ml，
糖45g

这款冰激凌添加了香浓的花生酱，单吃已经非常可口，如果配合饼干、巧克力方饼一同制成三明治将会更加美味。

制作

1 搅拌原料 将花生酱放置在常温下，变得柔软后，添加糖和可可粉并搅拌。

2 添加牛奶 在步骤1中缓缓倒入牛奶并搅拌。

3 添加鲜奶油并冷冻 将鲜奶油打出少许泡沫后加入步骤2中，冷冻约2小时。

4 搅拌并冷冻 将步骤3用叉子均匀搅拌后冷冻2小时，再次搅拌并冷冻，每30分钟进行一次，反复此过程1~2次。

Tips 由于花生酱和牛奶不易混合，所以请选用手提式搅拌器进行搅拌。只有进行充分搅拌，花生酱才不易结块，便于冻结。

peach frozen yogurt

水蜜桃冷冻酸奶冰激凌

· 原料 4人份 ·

水蜜桃350g（2个），
原味酸奶200ml，
橙汁100ml，糖60g

夏季的代表性水果水蜜桃与酸甜的酸奶相遇，就诞生了酸酸甜甜的酸奶冰激凌。选用熟透的水蜜桃口味更佳。

制作

1 熬制水蜜桃 将水蜜桃去皮、去核后与糖、橙汁一起小火熬10分钟后冷却。

2 制作水蜜桃泥 当步骤1冷却后放入搅拌器中搅拌制成水蜜桃泥。

3 添加酸奶并冷冻 在步骤2中添加原味酸奶，再用搅拌器进行短暂搅拌后冷冻约2小时。

4 搅拌并冷冻 将步骤3用叉子均匀搅拌并冷冻2小时后，再次搅拌并冷冻，每30分钟进行一次，反复此过程1~2次。

Tips 本来用食品加工器搅拌水蜜桃和糖会更便利，但放进糖水中熬制水蜜桃从而制成水蜜桃泥，成品香味会更温和、浓郁。

masala chai ice cream

玛夏拉红茶冰激凌

· 原料 4人份 ·

袋泡红茶3袋，
桂皮8g，胡椒2~3个，丁香4个，
小豆蔻3个，牛奶200ml，
鲜奶油200ml，糖60g

玛夏拉红茶在印度是非常受欢迎的一种红茶，茶中含有多种香料。在玛夏拉红茶中添加牛奶制作成红茶冰激凌，散发着优雅高贵的隐隐香气。

制作

1 煮红茶 在牛奶中放入袋泡红茶和香料（桂皮、胡椒、丁香、小豆蔻）一起煮。

2 添加糖并泡制 关掉火放入糖，等待糖融化，直到散发出香气，泡制5分钟左右。

3 用筛网过滤并冷却 将泡制好的红茶用筛网进行过滤并完全冷却。

4 添加鲜奶油并冷冻 将鲜奶油稍微打出泡沫后加入步骤3中，冷冻约2小时。

5 搅拌并冷冻 将步骤4用叉子均匀搅拌后冷冻2小时，再次搅拌并冷冻，每30分钟进行一次，反复此过程1~2次。

Tips 小豆蔻是一种散发柠檬香味的香料，将果实去皮并除掉籽后使用。不仅可以用在咖喱中，还能放进肉菜、茶、酸奶、咖啡中以提味。

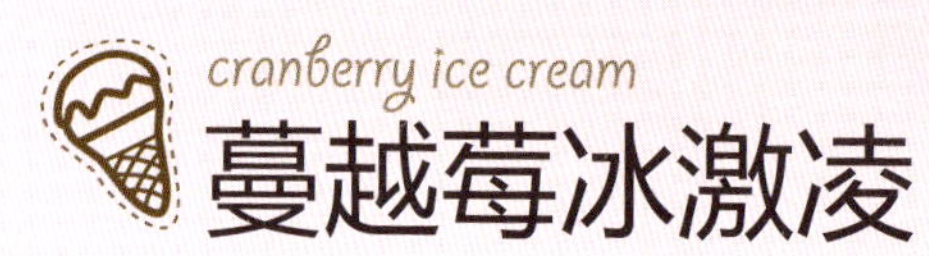

cranberry ice cream 蔓越莓冰激凌

· 原料 4人份 ·

蔓越莓干75g，
牛奶200ml，鲜奶油200ml，
糖75g，水200ml

蔓越莓具有显著的抗酸化效果，是富含类黄酮物质的超级营养食品。放进足量蔓越莓来制作出美味养生冰激凌吧！

制作

1 熬制蔓越莓 在小锅中放入蔓越莓干、糖、水，小火熬制10分钟。

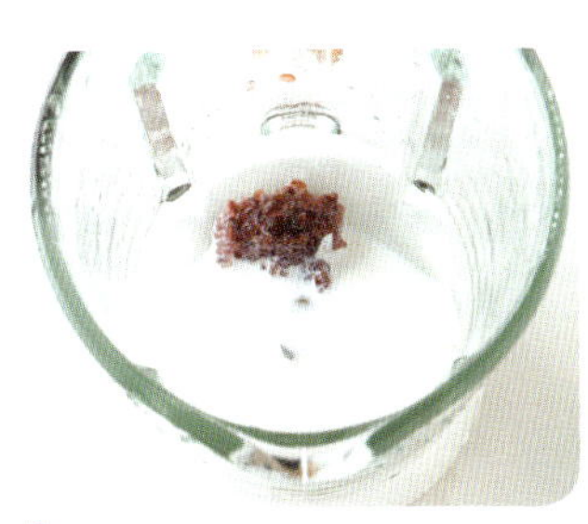

2 添加牛奶 在搅拌器中放入一半熬制好的蔓越莓，搅拌后倒入牛奶，再进行少许搅拌。

3 添加鲜奶油 将鲜奶油稍微打出泡沫后加入步骤2中。

4 冷冻并搅拌 将步骤3冷冻2小时后，用叉子进行均匀搅拌，再次冷冻2小时。

5 添加蔓越莓并冷冻 将步骤4进行搅拌，并添加另一半熬制好的蔓越莓进行冷冻。以30分钟为间隔，反复1~2次进行搅拌及冷冻。

也可用其他水果干代替蔓越莓干，使用同种方法制作即可。

apple pie ice cream
苹果派冰激凌

· 原料 4人份 ·

全麦饼干 48g（3块），
牛奶200ml，鲜奶油200ml，
蛋黄2个，糖65g，
苹果罐头：苹果150g（1/2个），
黄糖30g，黄油10g，
柠檬汁、桂皮粉少许

感觉像是在咀嚼包裹着沾有桂皮粉的苹果罐头和全麦饼干的苹果派一般。香浓的饼干和甜美的苹果嘎吱嘎吱嚼起来真是绝好的美味。

制作

1 熬制苹果罐头 将苹果去皮切成小块后，添加黄糖、黄油、柠檬汁熬制，然后撒上桂皮粉。

2 搅拌蛋黄、糖、牛奶 将蛋黄和糖盛装在碗中，用打蛋器搅拌，将稍微加热过的牛奶缓缓倒入其中并不断搅拌。

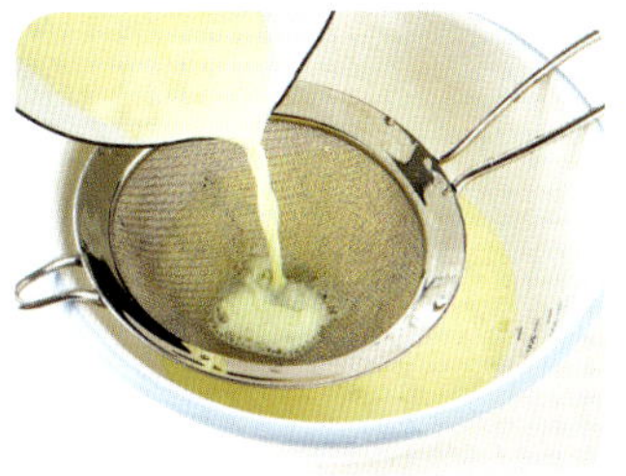

3 加热原料并用筛网过滤 将步骤2倒入小锅中，一边均匀搅拌一边加热至77~79℃，然后用筛网过滤。

4 添加鲜奶油 在盆内装进冰块，放置在步骤3的下方，冷却至5℃后，添加稍微打出泡沫的鲜奶油。

5 冷冻并搅拌 将步骤4冷冻2小时后，用叉子进行均匀搅拌，再次冷冻2小时。

6 添加苹果罐头、全麦饼干后冷冻 搅拌步骤5后添加苹果罐头和捣碎成小块的全麦饼干并冷冻。以30分钟为间隔，反复1~2次进行搅拌及冷冻。

Tips 熬制苹果罐头时也可以使用白糖，但放进黄糖口味更佳。

honey black soybean milk ice cream

蜂蜜黑豆豆油冰激凌

· 原料 4人份 ·

黑豆豆油300ml，
鲜奶油100ml，
蜂蜜60ml

浓郁的黑豆豆油配合蜂蜜制成的一款香甜的健康冰激凌。可以自己研磨黑豆制成豆油，也可以买来有机豆油使用。

制作

1 在豆油中添加蜂蜜 在黑豆豆油中添加蜂蜜并充分搅拌。

2 添加鲜奶油并冷冻 将鲜奶油稍微打出泡沫后加入步骤1中。

3 冷冻并搅拌 将步骤2冷冻2小时后，用叉子均匀搅拌，再次冷冻2小时。

4 搅拌并冷冻 再次用叉子搅拌并冷冻，以30分钟为间隔，反复1~2次。

Tips 市售的豆油中有些已经有甜味，只要加入少量蜂蜜即可。应根据豆油的香甜程度来调节蜂蜜的添加量。

honey nut ice cream
蜂蜜坚果冰激凌

· 原料 4人份 ·

坚果60g，牛奶200ml，
鲜奶油200ml，
蛋黄2个，蜂蜜60ml，
糖少许

富含坚果，口感香甜的一款冰激凌。为了增添香香脆脆的口感，即使较为烦琐，最好还是在烤箱中烘烤一下坚果，这样味道更佳。

制作

1 搅拌蛋黄、糖、牛奶 将蛋黄和糖盛装在碗中，用打蛋器搅拌，将稍微加热过的牛奶缓缓倒入其中并不断搅拌。

2 加热原料并用筛网过滤 将步骤1倒入小锅中，一边均匀搅拌一边加热至77~79℃，然后用筛网过滤。

3 用冰块冷却 在步骤2中添加蜂蜜，搅匀后，放置在装有冰块的盆上方，冷却至5℃。

4 添加鲜奶油 将鲜奶油稍微打出泡沫后加入步骤3中。

5 冷冻并搅拌 将步骤4冷冻2小时后，用叉子进行均匀搅拌，再次冷冻2小时。

6 添加坚果后冷冻 搅拌步骤5后，添加烤过的坚果。以30分钟为间隔，反复1~2次进行搅拌及冷冻。

Tips 在烤箱中烤坚果时，175℃预热后，捣碎的坚果烤3分钟，未经捣碎的烤10分钟。

raspberry swirl ice cream

覆盆子螺旋纹冰激凌

· 原料 4人份 ·

牛奶200ml，鲜奶油200ml，
蛋黄2个，糖60g，
覆盆子酱：覆盆子100g，
糖45g，柠檬汁5ml

swirl的意思是螺旋纹。使用覆盆子酱制作出螺旋纹，更加美观，更显甜美。酸甜的覆盆子酱入口即化。

制作

1 **制作覆盆子酱** 将覆盆子、糖、柠檬汁一同搅拌后使用筛网进行过滤。

2 **搅拌蛋黄、糖、牛奶** 将蛋黄和糖盛装在碗中，用打蛋器搅拌，将稍微加热过的牛奶缓缓倒入其中，并不断搅拌。

3 **加热原料并用筛网过滤** 将步骤2倒入小锅中，一边均匀搅拌一边加热至77~79℃，然后用筛网过滤。

4 **添加鲜奶油** 在盆内装进冰块放置在步骤3的下方，冷却至5℃后，添加稍微打出泡沫的鲜奶油。

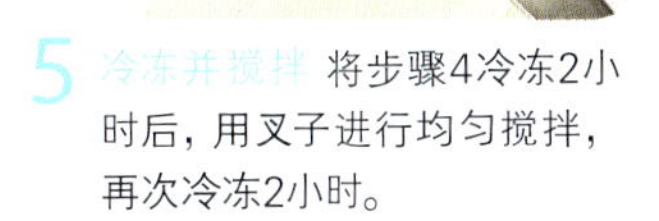

5 **冷冻并搅拌** 将步骤4冷冻2小时后，用叉子进行均匀搅拌，再次冷冻2小时。

6 **添加覆盆子酱并冷冻** 搅拌步骤5并添加覆盆子酱后再次冷冻。以30分钟为间隔，反复1~2次进行搅拌及冷冻。

Tips 要想制作出漂亮的螺旋纹，在添加进覆盆子酱后，不能将酱和冰激凌完全搅拌均匀，只需适当搅拌即可。

lemon gelato

柠檬意式低脂冰激凌

· 原料 4人份 ·

牛奶200ml，
蛋黄4个，糖45g，
柠檬汁50ml，
柠檬皮少许

意式低脂冰激凌是意大利传统冰激凌的一种。相较于一般的冰激凌，糖和鲜奶油的含量少，鸡蛋和牛奶的含量多，口感更加绵软清爽。

制作

1 搅拌蛋黄、糖、牛奶 将蛋黄和糖盛装在碗中，用打蛋器搅拌，将稍微加热过的牛奶缓缓倒入其中并不断搅拌。

2 加热原料并用筛网过滤 将步骤1倒入小锅中，一边均匀搅拌一边加热至77~79℃，然后用筛网过滤。

3 添加鲜奶油 在盆内装进冰块放置在步骤2的下方，冷却至5℃后，添加稍微打出泡沫的鲜奶油。

4 添加柠檬汁、柠檬皮后冷冻 在步骤3中添加柠檬汁和柠檬皮后充分搅拌并冷冻约2小时。

5 搅拌并冷冻 用叉子搅拌步骤4，冷冻2小时后再次用叉子搅拌并冷冻。以30分钟为间隔，反复1~2次进行搅拌及冷冻。

Tips 在牛奶完全冷却之前添加柠檬汁会使牛奶中的蛋白质凝固，请多加注意。

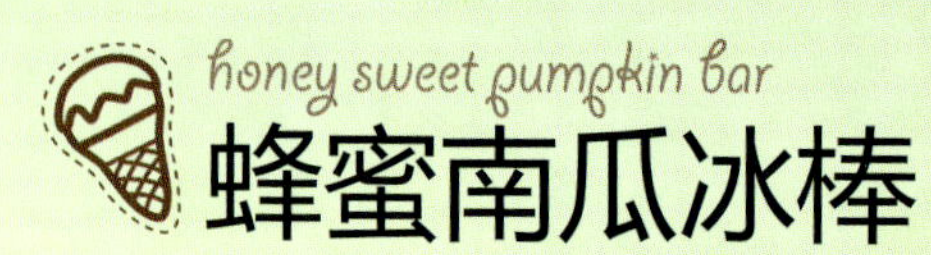

honey sweet pumpkin bar

蜂蜜南瓜冰棒

· 原料 4人份 ·

南瓜150g，牛奶100ml，鲜奶油100ml，蛋黄2个，糖30g，蜂蜜45ml，桂皮粉少许

用南瓜、桂皮、蜂蜜制作而成的南瓜冰棒香甜绵软，吃起来仿佛是喝着爽口清凉的南瓜粥一般。尝试利用南瓜来制作这一款全新的消暑食品吧。

制作

1 **搅拌蛋黄、糖、牛奶** 将蛋黄和糖盛装在碗中，用打蛋器搅拌，将稍微加热过的牛奶缓缓倒入其中并不断搅拌。

2 **加热原料并用筛网过滤** 将步骤1倒入小锅中，一边均匀搅拌一边加热至77~79℃，然后用筛网过滤。

3 **用冰块冷却** 在盆内装进冰块，放置在步骤2的下方，冷却至5℃。

4 **捣碎南瓜** 将南瓜去皮后放入蒸笼蒸后放进筛网，将南瓜捣碎。

5 **搅拌原料** 给步骤3中添加捣碎的南瓜、蜂蜜、桂皮粉、稍微打出泡沫的鲜奶油，并充分搅拌。

6 **放进模具冷冻** 将步骤5盛装进模具中，插上杆子后冷冻。

如果没有冰激凌模具，也可使用一次性纸杯或塑料杯，插上杆子后用胶带固定并冷冻即可。

SHERBET

Part 2

冰沙

咔嚓咔嚓，哧溜溜……炎热瞬间消失

用水果、牛奶等制作而成的冰沙与口感绵软的冰激凌不同，它口感清脆，入口即化。往嘴里放进一勺冰沙，夏天的炎热嗖的一下子瞬间即逝。不仅可以放进水果、咖啡、巧克力，还可以尝试更多食材，制作出更加多样化的冰沙。

strawberry · raspberry · blueberry bar

草莓•覆盆子•蓝莓冰棒

• 原料 4人份 •

草莓冰棒
草莓150g，糖45g，牛奶100ml

覆盆子冰棒
覆盆子150g，糖60g，牛奶100ml

蓝莓冰棒
蓝莓150g，糖45g，
牛奶100ml

草莓、覆盆子、蓝莓三种口味的甜美冰棒。色彩艳丽，制作起来也简单，适合于招待多位客人。

制作

1 搅拌原料 分别将草莓、覆盆子、蓝莓与糖混合后装进搅拌器进行搅拌。

2 制作水果泥 分别将三种原料用筛网进行过滤。

3 添加牛奶 分别在三种水果泥中添加牛奶，制作出三种冰棒原液。

4 装进模具冷冻 将冰棒原液装进模具，冷冻约一天。

Tips 如果不事先将牛奶和水果泥混合，而是倒进模具后用筷子进行轻微搅拌，则会显现出亮丽的大理石花纹。

melon sherbet
甜瓜冰沙

· 原料 4人份 ·

甜瓜200g，
牛奶200ml，糖60g，
白葡萄酒6ml，
酸橙汁少许

散发清香的甜瓜与牛奶一同搅拌后冷冻，即能制作出柔软香甜的冰沙。想吃甜瓜冰棒时，也可以利用模具制作出甜瓜冰棒。

制作

1 搅拌甜瓜 将甜瓜去皮，切成小块，和糖一起混合后，装进搅拌器进行搅拌。

2 添加牛奶、白葡萄酒、酸橙汁 将牛奶、白葡萄酒、酸橙汁放进步骤1的搅拌器中再进行彻底搅拌。

3 冷冻并搅拌 将步骤2冷冻2小时后，用叉子进行搅拌并继续冷冻2小时。以30分钟为间隔，反复1~2次进行搅拌及冷冻。

Tips 用冰激凌勺挖出一个个圆形的冰沙球，盛装在碗中更加美观。

pina colada sherbet

菠萝椰果朗姆冰沙

· 原料 4人份 ·

菠萝200g，
椰果奶200ml，
糖75g，
朗姆酒14ml

由椰果奶、菠萝和朗姆酒混合制成的菠萝椰果朗姆酒是人气鸡尾酒中的一种。将鸡尾酒冷冻制成的菠萝椰果朗姆冰沙能够让人度过凉爽一夏。

制作

1 切割菠萝 将菠萝去皮并切割成小块。

2 搅拌原料 将菠萝、椰果奶、糖、朗姆酒装进搅拌器进行搅拌。

3 冷冻并搅拌 将步骤2冷冻2小时后，用叉子进行搅拌并继续冷冻2小时。以30分钟为间隔，反复1~2次进行搅拌及冷冻。

Tips 如果没有菠萝，也可以使用菠萝罐头，但菠萝罐头口感较甜，可以将配方中糖的用量减半。

李子冰沙

plum sherbet

· 原料 4人份 ·

李子300g（4个），
牛奶100ml，
糖90g，
水40ml

这一款冰沙满溢着酸甜可口的李子香气。李子如果没有熟透会很酸，所以请一定选择熟透的李子。

制作

1 去除李子核 将李子清洗干净，切成两半后去除李子核。

2 熬制李子 将李子、糖、水放进小锅内，用小火熬制8分钟后冷却。

3 制作李子泥并冷冻 将步骤2放进搅拌器进行搅拌，添加牛奶后再稍微进行搅拌，接着冷冻2小时。

4 搅拌并冷冻 将步骤3用叉子搅拌并继续冷冻2小时。2小时后再次搅拌并冷冻。以30分钟为间隔，反复1~2次进行搅拌及冷冻。

Tips 李子不去皮直接放进去，色彩会非常漂亮，不过酸味会加重，如果不喜欢过酸的口感，可以将李子去皮。

mocha sherbet

摩卡冰沙

· 原料 4人份 ·

浓咖啡200ml，
不甜的可可粉10g，
牛奶75ml，糖45g

兼备浓郁咖啡香气与香甜巧克力风味的摩卡冰沙。咖啡可以选用咖啡豆或速溶咖啡制作，但请注意应选择浓一些的咖啡。

制作

1 搅拌咖啡、糖、可可粉 在浓咖啡中放进糖和可可粉直至融化。

2 添加牛奶并冷冻 在步骤1中添加牛奶，待冷却后，装进容器里冷冻2小时。

3 搅拌并冷冻 将步骤2用叉子进行搅拌并继续冷冻2小时后，再次搅拌并冷冻。以30分钟为间隔，反复1~2次进行搅拌及冷冻。

Tips 可可粉有甜味较浓的，也有甜味较淡的。如果使用的是甜味较浓的可可粉，请适当减少配方中糖的用量。

kiwi sherbet 猕猴桃冰沙

· 原料 4人份 ·

猕猴桃400g（4个），
牛奶100ml，
糖90g

猕猴桃富含维生素C，能够提高人体免疫力，它同时也是能够促进人体消化的天然促消化品。这款冰沙作为饭后甜点简直可以谓之绝配吧？

制作

1 搅拌猕猴桃 将猕猴桃去皮并切割成小块，与糖一同放进搅拌器进行搅拌。

2 添加牛奶并冷冻 在步骤1中添加牛奶后再稍微进行搅拌，然后装进容器中冷冻2小时。

3 搅拌并冷冻 将步骤2用叉子进行搅拌并继续冷冻2小时后，再次搅拌并冷冻。以30分钟为间隔，反复1~2次进行搅拌及冷冻。

Tips 猕猴桃属于后熟型水果。将摸起来很硬的猕猴桃在室温下放置几天，待其变软、熟透后再使用。

citron sherbet
柚子冰沙

· 原料 4人份 ·

柚子蜜饯140g，
牛奶75ml，
水200ml

柚子主要在冬天结果，将柚子制作成柚子蜜饯加以保存，到了夏天也可以享受到甜美的柚子。用冰爽的柚子冰沙来消暑吧。

制作

1 加热柚子蜜饯 在小锅内放入柚子蜜饯和水，用小火稍微加热后冷却。

2 添加牛奶并冷冻 将步骤1放入搅拌器搅拌后，添加牛奶再稍微进行搅拌。然后装进容器中冷冻2小时。

3 搅拌并冷冻 将步骤2用叉子进行搅拌并继续冷冻2小时后，再次搅拌并冷冻。以30分钟为间隔，反复1~2次进行搅拌及冷冻。

Tips 柚子蜜饯中部分较硬的果皮会夹带柚子特有的苦涩味，如果不喜欢这种味道，可以将蜜饯中较硬的果皮去除后制作。

milk chocolate chip sherbet
牛奶巧克力丁冰沙

原料 4人份

巧克力丁60g，
牛奶400ml，
糖75g

能够嘎巴嘎巴地嚼到巧克力的牛奶巧克力丁冰沙，深受孩子们的喜爱。仅用牛奶和巧克力丁就可以简便制作而成。

制作

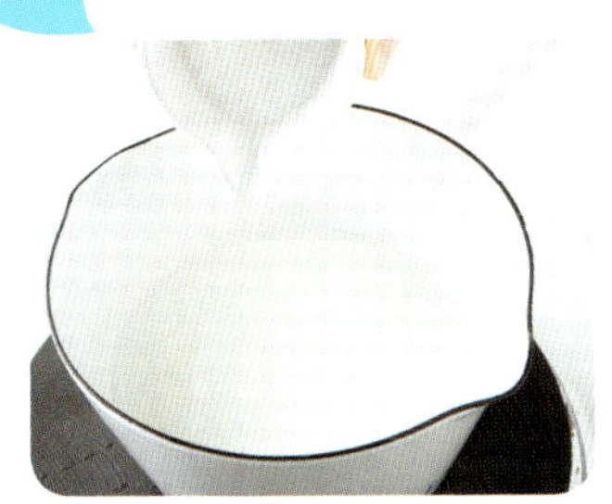

1 加热牛奶、糖 在小锅中放入牛奶和糖，加热至糖融化并冷却。

2 冷冻并搅拌 将步骤1冷冻2小时后，用叉子均匀搅拌并再次冷冻。

3 添加巧克力丁并冷冻 2小时后用叉子搅拌并添加巧克力丁，搅拌后再次冷冻。以30分钟为间隔，反复1~2次进行搅拌及冷冻。

Tips 如果没有巧克力丁，也可以将考维曲切割成小块进行代替。在切割巧克力的过程中，如果巧克力融化了，可稍微进行冷冻后再操作。

GRANITA & SORBET

Part 3

格兰尼它&果汁冰糕

纯净凉爽的感觉美妙无比

虽然格兰尼它和果汁冰糕看起来与冰沙极其相似，但由于不含乳制品和鸡蛋，所以口感十分纯净，作为饭后清口甜点再好不过了。喜欢柔软甜美的味道可以选择果汁冰糕，不喜欢过甜但贪恋凉爽的感觉则可以选择格兰尼它。

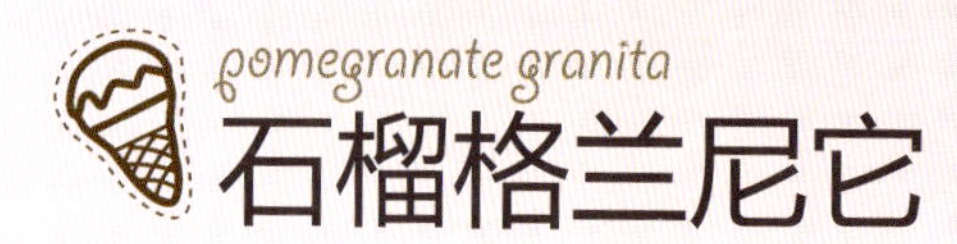

pomegranate granita

石榴格兰尼它

· 原料 4人份 ·

石榴果汁400ml，
糖75g，
水75ml

石榴美味且有益于健康，但吃起来不太方便。使用100%纯石榴果汁来尝试制作格兰尼它吧。制作过程简单，成品具有浓郁的石榴风味。

制作

1 制作糖浆 在小锅里倒入水和糖，煮至糖完全融化并冷却。

2 在石榴果汁中添加糖浆并冷冻 在石榴果汁中添加糖浆并充分搅拌。然后装进容器中冷冻2小时。

3 搅拌并冷冻 将步骤2用叉子进行搅拌并继续冷冻2小时后，再次搅拌并冷冻。以30分钟为间隔，反复1~2次进行搅拌及冷冻。

Tips 请使用市售100%纯石榴果汁。400ml的石榴果汁相当于使用了4~6个石榴。

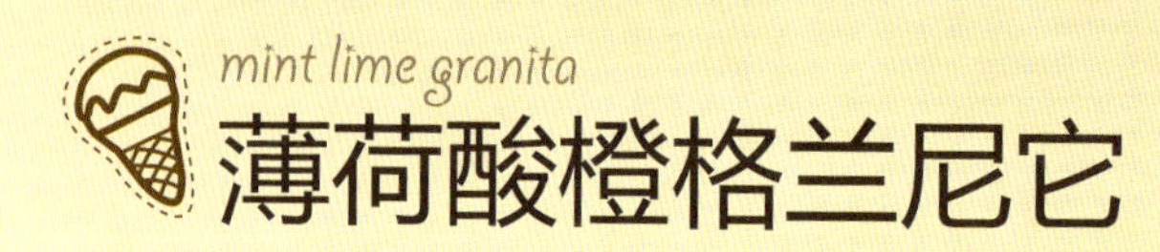

mint lime granita

薄荷酸橙格兰尼它

· 原料 4人份 ·

酸橙汁30ml，
糖60g，水400ml，
酸橙果皮、薄荷碎片少许

薄荷与酸橙的相遇为我们带来清新的口感。这是一款吃完味道较重的食物后极为适合清口的甜点。

制作

1 泡制酸橙 将水和糖倒入小锅内，煮至糖完全融化后关火，将酸橙汁和酸橙果皮放进小锅片刻。

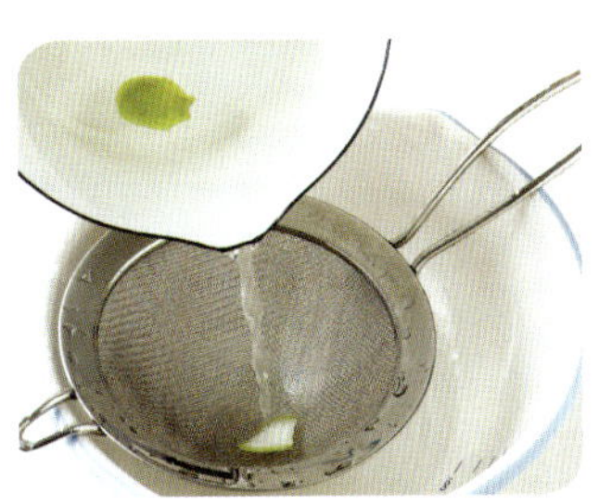

2 添加薄荷碎片并冷冻 将步骤1用筛网过滤并完全冷却后，添加薄荷碎片，放进容器中并冷冻2小时。

3 搅拌并冷冻 将步骤2用叉子进行搅拌并继续冷冻2小时后，再次搅拌并冷冻。以30分钟为间隔，反复1~2次进行搅拌及冷冻。

Tips 因为要使用酸橙果皮，所以酸橙应用苏打粉好好擦洗。放进酸橙果皮，成品香气会更加浓郁。

sweet rice drink granita
米酒格兰尼它

· 原料 4人份 ·

米酒300ml，
大枣10~15个，
糖45g，水60ml

使用传统米酒制成的西式甜点格兰尼它，不仅孩子们喜爱，也深受外国人的青睐。

制作

1 熬制大枣　将大枣去核，切成块后放进小锅，倒入水、糖熬制。

2 冷冻米酒　将米酒冷冻2小时后，用叉子均匀搅拌后再冷冻2小时。以30分钟为间隔，反复1~2次进行搅拌及冷冻。

3 盛装　将米酒格兰尼它盛装入碗中，并将熬制好的大枣装饰在上面。

Tips　也可以使用桑葚或覆盆子代替大枣作为装饰配料。

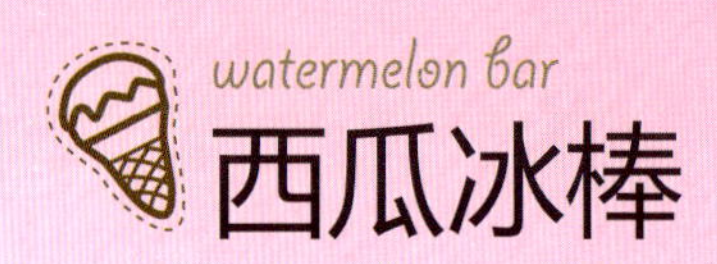

watermelon bar

西瓜冰棒

· 原料 4人份 ·

西瓜果肉350g，
糖45g，伏特加5ml，
巧克力丁少许

夏季首先令人联想到的水果就是西瓜。在清凉甜爽的西瓜中配以巧克力丁制成的冰棒远超市售冰激凌。

制作

1 西瓜去籽搅拌 将西瓜去籽后与糖一起放进搅拌器进行搅拌。

2 添加伏特加 在搅拌后的西瓜中添加伏特加后，再稍微进行搅拌。

3 放入模具冷冻 将步骤2和巧克力丁放入模具中冷冻。

Tips 添加伏特加后口味更清香，但没有伏特加时，不添加也无妨。

grapefruit champagne sorbet

西柚香槟果汁冰糕

· 原料 4人份 ·

西柚1个，
香槟（或汽酒）150ml，
糖45g

西式套餐中会选用口感不甜的水果或用酒制成的果汁冰糕对主菜予以调节搭配。想要令口气清新，酸甜的西柚香槟果汁冰糕可谓最佳之选。

制作

1 加热香槟 将香槟和糖倒入小锅内，加热直到糖全部融化，然后进行冷却。

2 添加原料并冷冻 将西柚切成两半，挤出果汁，并用筛网过滤后加入步骤1中，盛装进容器后冷冻2小时。

3 搅拌并冷冻 将步骤2用叉子进行搅拌并继续冷冻2小时后，再次搅拌并冷冻。以30分钟为间隔，反复1~2次进行搅拌及冷冻。

Tips 香槟（或汽酒）的种类不同，甜度也不同。请品尝后调节配方中糖的用量。

cherry ice candy

樱桃果汁冰糕

· 原料 4人份 ·

樱桃300g，
柠檬汁5ml，
糖75g，水120ml

虽然在处理樱桃时，手工程序较为烦琐，但是当品尝到那美妙的味道时，辛苦则一瞬即逝。樱桃果汁冰糕可以制作得如同糖果一般大小，这样吃起来非常方便。

制作

1 樱桃去核 将樱桃清洗干净后，切成两半并去核。

2 煮原料 将樱桃、水、糖、柠檬汁倒入小锅中，用小火煮约10分钟后冷却。

3 搅拌原料并过滤 冷却步骤2后倒入搅拌器进行搅拌，并用筛网过滤。

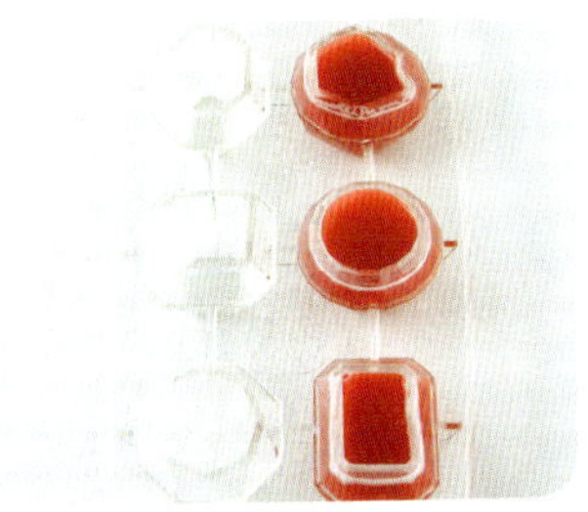

4 盛装进冰块模具并冷冻 将步骤3盛装入冰块模具中冷冻。

Tips 不放入冰块模具，而是盛装进容器后反复3~4次进行搅拌并冷冻制作也可以。

cinnamon pear sorbet

桂皮梨果汁冰糕

· 原料 4人份 ·

梨600g（1个），
桂皮8g，糖75g，
水400ml

后熟型的香蕉梨和桂皮在西方是深受欢迎的食物。放入桂皮后，将梨整个熬着吃或做成酱吃均可。当然冷冻后食用则更加凉爽。

制作

1 梨切块 将梨去皮并切块。

2 煮原料 将梨、桂皮、水放入小锅中，用小火煮20分钟后，放入糖，直至糖融化。

3 榨汁并冷冻 将步骤2用筛网过滤，榨汁冷却后冷冻2小时。

4 搅拌并冷冻 将步骤3用叉子进行搅拌并继续冷冻2小时后，再次搅拌并冷冻。以30分钟为间隔，反复1~2次进行搅拌及冷冻。

熬制时也可以放入胡椒粉和生姜，这样制成的果汁冰糕同样美味。

mulled wine granita

热葡萄酒格兰尼它

· 原料 4人份 ·

红葡萄酒375ml，
橙汁100ml，橙子1/2个，
苹果1/2个，桂皮8g，
丁香4个，糖60g，
水70ml

热葡萄酒是在冬季为了暖身而用香料、水果、糖熬制而成的葡萄酒饮品，制作成凉爽的格兰尼它同样美味。

制作

1 将丁香插入橙子 用盐将橙子进行彻底清洗后，将丁香插在橙子上。

2 煮原料并用筛网过滤 将插上丁香的橙子和其他原料一同放入小锅中，煮15分钟后，用筛网过滤并冷却。

3 冷冻并搅拌 将步骤2冷冻2小时后用叉子均匀搅拌，再冷冻2小时。以30分钟为间隔，反复进行1~2次此过程。

Tips 用大火长时间熬制会令葡萄酒香气和酒精都挥发尽，所以请用中火熬制15~20分钟即可。

pineapple granita

菠萝格兰尼它

· 原料 4人份 ·

菠萝240g，
酸橙汁5ml，
糖60g，水120ml

菠萝富含维生素以及蛋白质分解酶，有助于消化。所以在烹饪肉类菜肴时，可以同时准备一份菠萝格兰尼它。

制作

1 菠萝切块 将菠萝去皮并切块。

2 用搅拌器搅拌后冷冻 将菠萝、糖、水、酸橙汁一同放进搅拌器搅拌。盛装进容器后冷冻2小时。

3 搅拌并冷冻 将步骤2用叉子进行搅拌并继续冷冻2小时后，再次搅拌并冷冻。以30分钟为间隔，反复1~2次进行搅拌及冷冻。

Tips 将菠萝格兰尼它和芒果椰果冰激凌盛装进碗中，再用切成块的热带水果进行装饰，这样就制成了具有热带风情的冰爽甜点。

ginger jujube granita

生姜大枣格兰尼它

· 原料 4人份 ·

生姜30g，
大枣5个，
糖60g，水400ml

生姜和大枣都能够令身体保持暖意，常用来制作茶饮。在夏季尽情来享受冰爽的生姜大枣格兰尼它吧，整个夏天都不用担心拉肚子哦。

制作

1 煮生姜、大枣 将生姜处理后，连同大枣、水一同放进小锅里煮。

2 融化糖 关火后放入糖直至融化。

3 用筛网过滤并冷冻 待步骤2冷却后，用筛网过滤并冷冻约2小时。

4 搅拌并冷冻 将步骤3用叉子进行搅拌并继续冷冻2小时后，再次搅拌并冷冻。以30分钟为间隔，反复1~2次进行搅拌及冷冻。

Tips 可以将生姜大枣格兰尼它蓬松地堆积在碗中，再用红豆、年糕、水果等加以装饰。

apple rosemary sorbet

苹果迷迭香果汁冰糕

· 原料 4人份 ·

苹果400g（2个），
迷迭香3根，
柠檬汁20ml，
糖75g，水400ml

苹果和迷迭香是非常适合搭配在一起的食材。用它们制成果汁冰糕抑或制成冰冻果汁都是别样的美味。

制作

1 苹果切块撒上柠檬汁 将苹果去皮并切块后撒上柠檬汁。

2 煮原料 将苹果、迷迭香、水放入小锅内，用小火煮20分钟后，放入糖直至融化。

3 搅拌原料并用筛网过滤 待步骤2冷却后捞去迷迭香，将其他原料放入搅拌器进行搅拌，用筛网过滤后盛装进容器中冷冻2小时。

4 搅拌并冷冻 将步骤3用叉子进行搅拌并继续冷冻2小时后，再次搅拌并冷冻。以30分钟为间隔，反复1~2次进行搅拌及冷冻。

Tips 如果有榨汁机，也可以在煮过苹果后用榨汁机榨出苹果汁，添加糖后直接冷冻即可。

ICECREAM
DESSERT

Part 4

冰激凌餐后甜点

请品尝与众不同的美味吧

尝试将纸托蛋糕、三明治、塔式糕点、油炸甜点等都制成冰激凌吧。因为外观的华美和独特的风味，在特别的日子里能够成为与众不同的餐后“惊喜”呢。来挑战简单且独具风味的冰激凌餐后甜点吧！

peach frozen yogurt cupcake

水蜜桃冷冻酸奶纸托蛋糕

· 原料10人份 ·

水蜜桃冷冻酸奶
水蜜桃525g（3个），
原味酸奶300ml，
橙汁150ml，糖90g

纸托蛋糕
低筋面粉115g，鸡蛋2个，
黄油115g，糖100g，
泡打粉3g

怎么不把家庭自制的冰激凌点缀在纸托蛋糕上来取代传统的奶油花呢？将炎炎夏日变得甜美而凉爽。

制作

制作冷冻酸奶

1 煮水蜜桃 将水蜜桃果肉、糖、橙汁用小火煮10分钟左右后冷却。

2 添加酸奶并冷冻 将步骤1倒入搅拌器后，添加原味酸奶再进行短暂搅拌后冷冻。

3 搅拌并冷冻 冷冻过程中取出进行搅拌后再冷冻，以2小时为间隔反复2次，再以30分钟为间隔反复1~2次。

制作纸托蛋糕

4 搅拌黄油、糖、鸡蛋 在黄油中添加糖后，用打蛋器充分搅拌，将鸡蛋一个个放入后接着进行搅拌。

5 和面 在步骤4中添加经过筛网过滤的低筋面粉和泡打粉，并均匀搅拌。

6 烘烤 将和好的面糊倒入纸托，约填充70%即可，在180℃烤箱中烤20~25分钟。

收尾

7 将冰激凌点缀在纸托蛋糕上 纸托蛋糕冷却后，将顶部挖掉，放上制作好的冷冻酸奶。

Tips 蛋糕配料与冰激凌种类可以随意灵活地进行调整。根据个人喜好可以制作出不同的口味和样式。

ice cream terrine

冰激凌蛋糕

· 原料 4人份 ·

香草冰激凌
香草豆荚1/4个，牛奶100ml，
鲜奶油100ml，蛋黄1个，糖37g

矮胖巧克力冰激凌
牛奶考维曲50g，
牛奶考维曲丁25g，
牛奶100ml，鲜奶油100ml，
蛋黄1个，糖23g

焦糖冰激凌
速溶咖啡2g，焦糖酱37ml，
牛奶100ml，鲜奶油100ml，糖8g

此款蛋糕的原型是一种将海鲜、肉等盛装进模具进行冷藏，成型后再取出食用的法式料理。用三种冰激凌制成的这款蛋糕不禁令人联想起美丽的彩虹年糕。

制作

制作香草冰激凌（请参考P21）

1 **将香草豆荚放进牛奶中并加热** 将香草豆荚切成两半，取出香草豆，连同豆荚外皮一起放进牛奶中并加热。

2 **加热蛋黄、糖、牛奶** 用打蛋器搅拌蛋黄和糖，并将步骤1逐渐添加进去，一边搅拌一边加热至77~79℃。

3 **添加鲜奶油并冷冻** 将步骤2用筛网过滤，并放置于冰块上方冷却至5℃后，加入稍微打出泡沫的鲜奶油，再次进行搅拌并冷冻。

4 **搅拌并冷冻** 冷冻过程中取出进行搅拌后再冷冻，以2小时为间隔反复2次，以30分钟为间隔反复1~2次。

制作矮胖巧克力冰激凌（请参考P23）

5 **加热原料并用筛网过滤** 将蛋黄、糖、牛奶依照步骤2的制作方法加热后，加入牛奶考维曲进行融化并用筛网过滤。

6 **添加鲜奶油并冷冻** 将步骤5放置在冰块上方冷却至5℃后，加入稍微打出泡沫的鲜奶油，再次进行搅拌并冷冻。

7 **搅拌并冷冻** 每2小时用叉子进行搅拌后再冷冻，反复2次后，加入牛奶考维曲丁进行搅拌并冷冻。以30分钟为间隔，反复1~2次进行搅拌及冷冻。

制作焦糖冰激凌（请参考P27）

8 **加热原料** 加热牛奶、糖、咖啡，直至糖全部融化后，加入一半焦糖酱进行搅拌。

制作蛋糕

9 **添加鲜奶油并冷冻** 当步骤8冷却后，加入稍微打出泡沫的鲜奶油，并仿照步骤7的方法进行冷冻并添加剩余的焦糖酱。

10 **盛装香草冰激凌并冷冻** 在饼盒中盛装进稍微融化的香草冰激凌，约占据1/3的空间，进行冷冻。

11 **盛装进剩余的冰激凌并冷冻** 将剩余冰激凌使用同种方法一层层装入并冷冻。

Tips

在盒底铺上羊皮纸，取出冰激凌蛋糕时更方便。一层完全冷冻后再盛装入另一种冰激凌，整体外观更漂亮。

ice cream sandwich
冰激凌三明治

· 原料 4人份 ·

香蕉枫糖冰激凌
香蕉1个，枫糖糖浆90ml，
牛奶200ml，鲜奶油200ml，
蛋黄2个，糖45g

巧克力方饼
牛奶考维曲100g，
低筋面粉55g，
可可粉15g，鸡蛋2个，
黄油125g，糖150g

这是将冰激凌填充到巧克力方饼之间的三明治。香蕉枫糖冰激凌和巧克力方饼的甜蜜令您满口充溢着幸福的滋味。

制作

制作香蕉枫糖冰激凌（请参考P29）

1 搅拌原料并加热 用打蛋器搅拌蛋黄、糖、枫糖糖浆并加热，将牛奶缓缓加入，一边搅拌一边加热至77~79℃。

2 添加鲜奶油并冷冻 将步骤1用筛网过滤并放置在冰块上方冷却至5℃后，加入稍微打出泡沫的鲜奶油，进行搅拌并冷冻。

3 搅拌并冷冻 每2小时用叉子进行搅拌并冷冻，反复2次后添加香蕉块，进行搅拌并冷冻。以30分钟为间隔，反复1~2次搅拌并冷冻。

制作巧克力方饼

4 和面 将鸡蛋、糖搅拌后，加入用中火融化后的牛奶考维曲和黄油，用打蛋器进行搅拌后，将低筋面粉和可可粉用筛网边过滤边加入容器中，再次进行搅拌。

5 烘焙 将面糊倒入模具中，放进180℃的烤箱烤30分钟后冷却，切掉边缘部位后横向切成两半。如此制成两块巧克力方饼。

收尾

6 制作三明治 在慕斯盒中放进一块巧克力方饼，铺上冰激凌后，再覆盖上另一块巧克力方饼。冷冻约1小时后切块即可。

Tips 可以使用多样化的原料制作冰激凌夹馅，也可以用市售的点心或华夫饼等代替巧克力方饼。

cherry ice candy champagne float

樱桃冰棒香槟漂酒

· 原料 4人份 ·

香槟4杯

樱桃冰棒
樱桃100g，柠檬汁2ml，
糖25g，水40ml

随着红色的樱桃冰棒融化后，香槟的色彩逐渐变为粉红色，这是一款极具魅力的饮品。在开派对时，呈上这款饮品将使气氛更为活跃。

制作

1 去除樱桃核 将樱桃清洗干净后切半并去除樱桃核。

2 煮原料 将樱桃、水、糖、柠檬汁放进小锅，用小火煮10分钟左右并冷却。

3 搅拌原料并用筛网过滤 待步骤2冷却后放进搅拌器进行搅拌，并用筛网过滤。

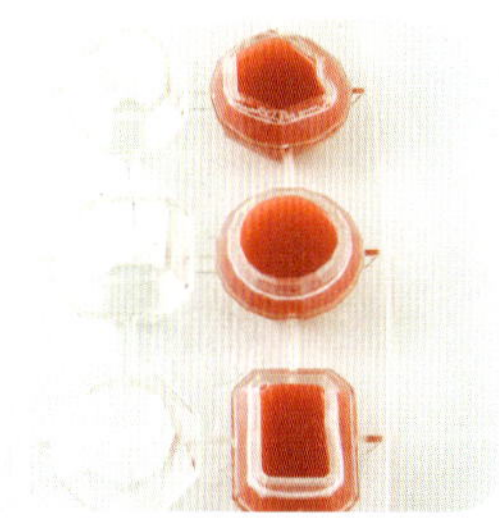

4 放进冰块模具冷冻 将步骤3放进冰块模具中冷冻。

5 在香槟中放入冰棒 将香槟倒入杯中，并将一块樱桃冰棒放入香槟中即可。

Tips 香槟不仅适合搭配樱桃冰棒，也适合搭配草莓果汁冰糕、水蜜桃果汁冰糕、芒果果汁冰糕等。

ice cream fritter

油炸冰激凌

· 原料 6人份 ·

玉米片30g，油炸粉30g，
面粉25g，鸡蛋1个，
食用油适量

香草冰激凌
香草豆荚1/2个，
牛奶200ml，鲜奶油200ml，
蛋黄2个，糖75g

香脆的油炸外皮包裹着香甜的冰激凌，绝对是超级美味。虽然反复包裹油炸外皮并冷冻是一个烦琐的过程，但当您品尝到美味的一瞬间，所有烦琐都将被彻底遗忘。

制作

1 将香草豆荚加入牛奶中并加热 将香草豆荚切半并取出香草豆，连同豆荚外皮一同放入牛奶中加热。

2 加热蛋黄、糖、牛奶 用打蛋器搅拌蛋黄和糖，缓缓将步骤1倒入，一边搅拌一边加热至77~79℃。

3 添加鲜奶油并冷冻 将步骤2用筛网过滤并放置在冰块上方冷却至5℃后，加入稍微打出泡沫的鲜奶油搅拌并冷冻。

4 搅拌并冷冻 以2小时为间隔，反复进行2次搅拌并冷冻。再以30分钟为间隔，反复1~2次进行搅拌并冷冻。用冰激凌勺挖成球形后再冷冻1小时左右。

5 准备油炸外皮 将玉米片用塑料袋包住并捣碎后，与油炸粉搅拌并铺展在碟子中。

6 包裹油炸外皮并冷冻 将冷冻变硬的冰激凌球取出，快速裹上面粉、蛋液和步骤5后，再次冷冻1小时。

7 再次包裹油炸外皮 取出冷冻的冰激凌球，并再次进行步骤6的过程后再冷冻4小时。

8 进行油炸 将步骤7放入185℃的热油中，油炸1分钟左右。

在油炸过程中，如果油碰到冰激凌，会使冰激凌融化，外形变得不美观。为了避免这个问题，要将油炸外皮包裹严密，且油炸过程要迅速，最好不超过1分钟。

affogato
意式冰激凌咖啡

· 原料 4人份 ·

浓缩咖啡4杯

香草冰激凌
香草豆荚1/4个,
牛奶100ml, 鲜奶油100ml,
蛋黄1个, 糖37g

散发着浓郁的咖啡香气的人气餐后甜点——意式冰激凌咖啡。热烫且苦涩的浓缩咖啡与冰凉且甜美的香草冰激凌的组合可谓别出心裁。

制作

1 **将香草豆荚加入牛奶中并加热** 将香草豆荚切成两半并取出香草豆，连同豆荚外皮一同放入牛奶中并加热。

2 **加热蛋黄、糖、牛奶** 用打蛋器搅拌蛋黄和糖，缓缓将步骤1倒入，一边搅拌一边加热至77~79℃。

3 **添加鲜奶油并冷冻** 将步骤2用筛网过滤并放置在冰块上方冷却至5℃后，加入稍微打出泡沫的鲜奶油搅拌并冷冻。

4 **搅拌并冷冻** 以2小时为间隔，反复进行2次搅拌并冷冻，以30分钟为间隔，反复1~2次进行搅拌并冷冻。

5 **准备浓缩咖啡** 萃取出浓缩咖啡或使用味道浓郁的速溶咖啡进行冲泡。

6 **盛装进碗中** 在碗中放入一勺香草冰激凌后，倒入浓缩咖啡。

Tips 如果没有浓缩咖啡萃取机，也可以在约40ml的水中添加1~2g的浓速溶咖啡加以替代。

cranberry alaska

蔓越莓意式点心

· 原料 4人份 ·

油桃4个，蛋白4个，糖48g

蔓越莓冰激凌

蔓越莓干37g，牛奶100ml，鲜奶油100ml，糖37g，水100ml

这一款意式点心是在蛋糕或其他点心上放置冰激凌再涂抹蛋白糖霜略微烤制而成的餐后甜点。用油桃来代替蛋糕，不仅味道酸甜，而且外观也可爱无比。

制作

1 熬制蔓越莓 将蔓越莓干、糖、水放入小锅内，用小火熬制约10分钟。

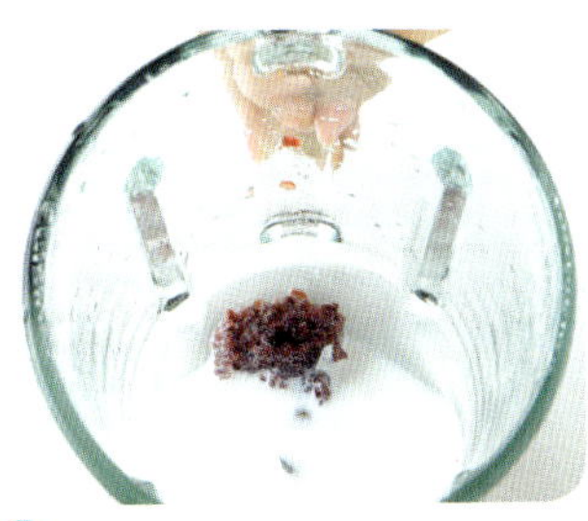

2 搅拌原料并冷冻 将步骤1的大部分倒入搅拌器中，搅拌均匀后添加牛奶，再搅拌片刻。加入稍微打出泡沫的鲜奶油后进行搅拌并冷冻。

3 搅拌并冷冻 每2小时用叉子进行搅拌并冷冻，反复2次，将剩余的熬制好的蔓越莓加入后进行搅拌并冷冻。以30分钟为间隔，反复1~2次进行搅拌并冷冻。

4 去除油桃核 将油桃切半后去核，再将油桃内部挖成圆形。

5 添加冰激凌并冷冻 在油桃中添加冷冻好的蔓越莓冰激凌后再冷冻20分钟。

6 制作蛋白糖霜 在蛋白中放入糖并打出泡沫，制作出有韧性的蛋白糖霜。

7 涂抹蛋白糖霜并烘焙 在步骤5的冰激凌上涂抹蛋白糖霜，并放入230℃的烤箱中烤2分钟。

在冰激凌上涂抹蛋白糖霜后放入烤箱烤，冰激凌不会融化。

blueberry ice tart
蓝莓冰塔

· 原料 4人份 ·

蛋塔皮（直径8cm）4个

冰激凌糊
牛奶100ml，鲜奶油100ml，
蛋黄1个，糖23g

蓝莓酱
蓝莓100g，糖30g，
柠檬汁5ml，
水淀粉5ml（淀粉3g，水5ml）

来尝试制作出简单但独特的各式冰塔吧。可以采用任何一款冰激凌、装饰配料来制作。同茶一起搭配着来吃味美无穷。

制作

1 **搅拌蛋黄、糖、牛奶** 将蛋黄和糖盛放在碗中并用打蛋器搅拌，将稍微加热过的牛奶一边缓缓倒入一边搅拌。

2 **加热原料并用筛网过滤** 将步骤1盛入小锅内，一边搅拌一边加热至77~79℃，用筛网进行过滤。

3 **添加鲜奶油** 在盆中装进冰块放在步骤2的下方，冷却至5℃后，加入稍微打出泡沫的鲜奶油并搅拌。

4 **盛装入蛋塔皮并冷冻** 将步骤3盛装入蛋塔皮并冷冻。

5 **制作蓝莓酱** 将蓝莓酱原料放进小锅，一边搅拌一边用小火煮。（请参考P12）

6 **添加酱料** 在冷冻过的冰塔上放上冷却后的蓝莓酱。

Tips 蛋塔皮可以在点心店中购买到。您可以使用各种各样大小不一的蛋塔皮。

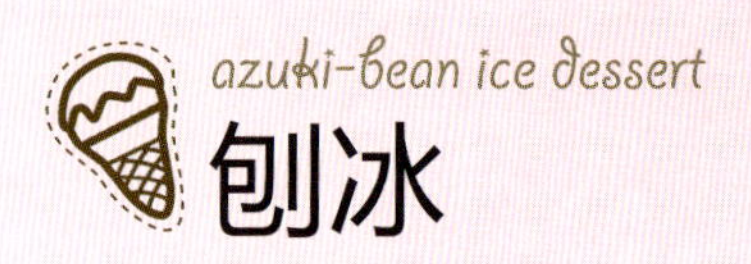

azuki-bean ice dessert 刨冰

· 原料 4人份 ·

冰块500g，
刨冰用红豆300g，
炼乳60ml

到了夏季我们最先想到的零食就是刨冰。近来各式各样的刨冰层出不穷，但最美味的莫过于添加了满满的红豆和炼乳的刨冰了。

制作

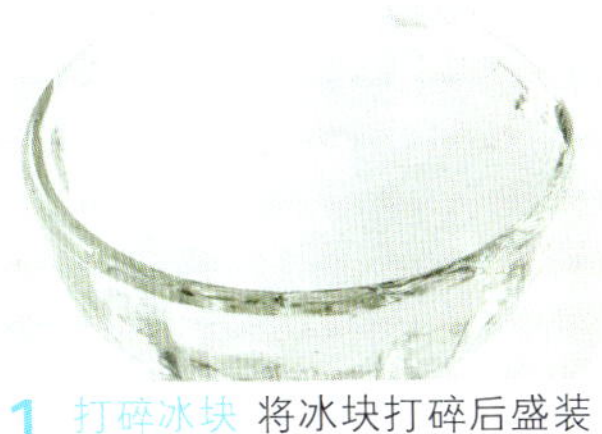

1 打碎冰块 将冰块打碎后盛装在碗中。

2 放置红豆 在冰块上放置满满的红豆。

3 浇上炼乳 在步骤2上旋转浇上炼乳。

Tips 根据个人口味，可以添加水果或冰激凌一同食用。使用冷冻过的牛奶代替冰块同样味美无穷。

ice choux

冰泡芙

· 原料 4人份 ·

冰激凌糊
牛奶200ml，鲜奶油200ml，
蛋黄2个，糖60g

覆盆子酱
覆盆子100g，糖45g，
柠檬汁5ml

泡芙
面粉60g，鸡蛋2个，黄油40g，
水90ml，糖、盐少许

在绵软膨松的泡芙上添加冰激凌来代替奶油，风味独特。让入口即化的冰泡芙伴随您度过凉爽一夏吧。

制作

制作冰激凌

1 制作覆盆子酱 将覆盆子、糖、柠檬汁搅拌后用筛网过滤。（请参考P12）

2 加热蛋黄、糖、牛奶 用打蛋器搅拌蛋黄和糖，缓缓倒入稍微加热过的牛奶，一边搅拌一边加热至77~79℃。

3 添加鲜奶油并冷冻 将步骤2用筛网过滤后放置在冰块上方，冷却至5℃后，加入稍微打出泡沫的鲜奶油搅拌并冷冻。

4 搅拌并冷冻 将步骤3以2小时为间隔，反复2次进行搅拌并冷冻后，加入覆盆子酱再次冷冻。以30分钟为间隔，反复1~2次进行搅拌并冷冻。

制作泡芙

5 煮黄油、糖、盐 在小锅内放入黄油、糖、盐、水，煮至黄油全部融化。

6 搅拌面粉、鸡蛋 关火，加入用筛网过滤过的面粉，并均匀搅拌。重新开火，边搅拌边煮2分钟左右后倒入碗中，并将搅匀的鸡蛋一边缓缓倒入一边搅拌。

7 烘焙泡芙 将步骤6的面糊装入裱花袋中，挤出合适的大小后，放进180℃的烤箱中烤30分钟。

收尾

8 填充进冰激凌 将烤好的泡芙完全冷却后切成两半，将覆盆子冰激凌填充进去即可。

在烤制泡芙的过程中请不要打开烤箱盖，否则膨胀起来的泡芙会变软并粘在一起。

COPYCAT
RECIPES

Part 5

专卖店招牌冰激凌

在家里也能够享受最高级的冰激凌

这里收集了芭斯罗缤、GUSTTIMO、哈根达斯等赫赫有名的冰激凌店中的招牌菜单。这里保藏着能够再现专卖店冰激凌口味和样式的秘诀。现在就和从外面买来的冰激凌说声再见吧。

ice cream fondue

芭斯罗缤冰激凌火锅

· 原料 4人份 ·

考维曲120g，各种水果适量

冰激凌糊
牛奶200ml，鲜奶油200ml，
蛋黄2个，糖45g

蓝莓酱
蓝莓100g，糖30g，
柠檬汁5ml，
水淀粉5ml（淀粉3g，水5ml）

冰激凌火锅其实是一款非常容易制作的食品。将巧克力融化，把水果、点心、棉花软糖等切割成适合食用的大小予以搭配即可。

制作

1 制作蓝莓酱 将蓝莓酱原料放进小锅中，一边**搅拌一边用小火煮。（请参考P12）**

2 搅拌并加热原料 将蛋黄、糖用打蛋器搅拌并倒入牛奶，一边搅拌一边加热至77~79℃。

3 添加鲜奶油并冷冻 在步骤2中加入稍微打出泡沫的鲜奶油，搅拌后放进容器并冷冻。

4 搅拌并冷冻 将步骤3每2小时进行搅拌及冷冻，反复2次后添加蓝莓酱，搅拌后冷冻。以30分钟为间隔，反复1~2次进行搅拌及冷冻。

5 用冰激凌勺挖出并冷冻 用小号冰激凌勺将步骤4挖成球形后，放入冷冻室冷冻。

6 水果切块 将水果去皮并切成适合食用的大小。

7 盛装进碗中 将考维曲放进火锅中，用中火融化后，将冰激凌及水果一同端出即可。

Tips 冰激凌的种类多一些会更加美味。把冰激凌挖成小球后需要再次冷冻，否则它们在接触温热的巧克力的瞬间即会融化。

cheese holic

GOLD STONE 芝士冰激凌

· 原料 4人份 ·

芝士蛋糕1块

香草冰激凌
香草豆荚1/4个，牛奶100ml，
鲜奶油100ml，蛋黄1个，糖37g

蓝莓酱
蓝莓100g，糖30g，柠檬汁5ml，
水淀粉3ml（淀粉2g，水3ml）

草莓酱
草莓100g，糖15g，柠檬汁5ml，
水淀粉3ml（淀粉2g，水3ml）

这一款并不是将芝士添加进冰激凌糊中制作而成的，而是将芝士蛋糕捣碎成小块加进成品香草冰激凌中并进行搅拌。各种原料的风味得以保留因此更加美味。

制作

1 牛奶中添加香草豆荚并加热 将香草豆荚切成两半后取出香草豆，连同豆荚外皮一同放进牛奶中加热。

2 加热蛋黄、糖、牛奶 用打蛋器搅拌蛋黄和糖，缓缓将步骤1倒入，一边搅拌一边加热至77~79℃。

3 添加鲜奶油并冷冻 将步骤2用筛网过滤后，放置在冰块上方冷却至5℃后，加入稍微打出泡沫的鲜奶油，搅拌并冷冻。

4 搅拌并冷冻 以2小时为间隔，进行2次搅拌并冷冻，再以30分钟为间隔，进行1~2次搅拌并冷冻。

5 制作蓝莓酱 将蓝莓和糖一起煮至糖完全融化，放入水淀粉和柠檬汁，一边搅拌一边用小火熬制。

6 制作草莓酱 将草莓和糖一起煮至糖完全融化，放入水淀粉和柠檬汁，再煮约7分钟。

7 搅拌芝士蛋糕 将芝士蛋糕捣碎成小块后和香草冰激凌进行搅拌。

8 搅拌酱 在步骤7中放入蓝莓酱和草莓酱并搅匀。

Tips

使用酸奶冰激凌代替香草冰激凌也十分美味。芝士冰激凌也适合盛装在华夫蛋卷或华夫杯中。

tiramisu

GUSTTIMO 提拉米苏冰激凌

· 原料 4人份 ·

牛奶125ml，蛋黄4个，糖60g，
马斯卡彭芝士250g，
卡噜哇酒24ml

摩卡酱
浓咖啡20ml，巧克力30g，
卡噜哇酒2ml

提拉米苏的含义是“拉我起来”。吃一口富含马斯卡彭芝士的这款冰激凌，立即就能够像它的名字一般心情愉悦起来。

制作

1 加热牛奶 将牛奶倒进小锅中加热，直到周围出现泡沫。

2 搅拌蛋黄、糖、加热后的牛奶 将蛋黄和糖用打蛋器均匀搅拌后，一边倒入加热后的牛奶一边搅拌。

3 加热原料并用筛网过滤 将步骤2倒入小锅中，一边均匀搅拌一边加热至77~79℃，然后用筛网过滤。

4 制作摩卡酱 将咖啡和巧克力倒入小锅中煮，冷却后添加卡噜哇酒。

5 搅拌马斯卡彭芝士、卡噜哇酒、摩卡酱 将马斯卡彭芝士、卡噜哇酒、摩卡酱倒入步骤3中并均匀搅拌。

6 冷却并冷冻 在盆中放入冰块并放置在步骤5的下方，冷却至5℃后冷冻约2小时。

7 搅拌并冷冻 将步骤6用叉子搅拌并冷冻2小时后，再次搅拌并冷冻。以30分钟为间隔，反复此过程1~2次。

如果没有马斯卡彭芝士，也可以用普通奶油芝士代替；也可用巧克力酒或朗姆酒代替卡噜哇酒。

riso nero

PALAZZO 意式黑米冰激凌

· 原料 4人份 ·

黑米粉10g，
牛奶300ml，
蛋黄4个，糖45g

意大利语riso nero是“黑米”的意思。因为是用黑米制成的低脂冰激凌所以得名。也可用黑米粉来代替黑米。

制作

1 加热牛奶 将牛奶倒进小锅中加热，直到周围出现泡沫。

2 搅拌蛋黄、糖、加热后的牛奶 将蛋黄和糖用打蛋器均匀搅拌后，将加热后的牛奶一边缓缓倒入一边搅拌。

3 加热原料并用筛网过滤 将步骤2倒入小锅中，一边搅拌一边加热至77~79℃，然后用筛网过滤。

4 添加黑米粉 将黑米粉用筛网过滤至步骤3中并均匀搅拌。

5 冷却并冷冻 在盆中放进冰块后放置在步骤4的下方，冷却至5℃后，装进容器中并冷冻约2小时。

6 搅拌并冷冻 将步骤5用叉子搅拌并冷冻2小时。以30分钟为间隔，再反复2次搅拌并冷冻的过程。

Tips

如果想做出正宗的低脂冰激凌，应该使用低脂冰激凌机，或者放在冰块上渐渐冷冻，而不能使用冷冻室。将冰块和盐放进盆中，在其上方放置冰激凌糊，一边搅拌一边冷冻，约30分钟即可完成。

green tea ice cream

NATUUR 绿茶冰激凌

· 原料 4人份 ·

牛奶200ml，
鲜奶油100ml，
蛋黄2个，糖45g，
绿茶粉8g

洋溢着绿茶清香的绿茶冰激凌深受人们的喜爱。只要有绿茶粉，那么在家也可以简单便捷地制作。

制作

1 搅拌蛋黄、糖、加热后的牛奶 将蛋黄和糖用打蛋器进行搅拌，并将加热后的牛奶一边缓缓倒入一边搅拌。

2 加热原料并用筛网过滤 将步骤1倒入小锅中，一边均匀搅拌一边加热至77~79℃，然后用筛网过滤。

3 搅拌绿茶粉 将绿茶粉倒入步骤2中，为了不使其结块，要均匀搅拌。

4 用冰块冷却 将冰块装进盆中放置在步骤3的下方，使其冷却至5℃。

5 添加鲜奶油并冷冻 将稍微打出泡沫的鲜奶油添加到步骤4中，冷冻约2小时。

6 搅拌并冷冻 将步骤5用叉子搅拌并冷冻2小时后，再次搅拌并冷冻。以30分钟为间隔，反复1~2次。

为了使味道更加浓厚而将绿茶粉加量时，请注意味道可能会变得苦涩。

waffle yogurt ice cream

REDMANGO 华夫饼与酸奶冰激凌

· 原料 2人份 ·

华夫饼
低筋面粉125g，泡打粉7g，
牛奶180ml，融化的黄油45g，
鸡蛋1个，糖15g，盐少许

酸奶冰激凌
原味酸奶200ml，
鲜奶油100ml，蜂蜜75ml

华夫饼搭配冰激凌应该是非常流行的甜点了吧！在华夫饼上点缀冰激凌、水果及坚果类，无论是味道还是外观都是一绝。

制作

制作华夫饼

1 和面 将牛奶、蛋黄、融化的黄油均匀搅拌后，再放进低筋面粉、泡打粉和盐一起搅拌。

2 搅拌蛋白糖霜 在蛋白中放入糖并打出泡沫，制作出有韧性的蛋白糖霜，分3次添加进和好的面糊中并均匀搅拌。

3 烘焙 将面糊倒进事先预热的华夫饼制作器中进行烤制。

制作冰激凌

4 搅拌酸奶、蜂蜜、鲜奶油 将原味酸奶和蜂蜜均匀搅拌，添加稍微打出泡沫的鲜奶油后再搅拌。

5 搅拌并冷冻 将步骤4用叉子均匀搅拌并冷冻2小时后，再次搅拌并冷冻。此过程以30分钟为间隔，反复1~2次。

收尾

6 盛装进碗中 将烤好的华夫饼和冰激凌一同盛装进碗中即可。

Tips 在制作酸奶冰激凌时，也可以用草莓酸奶、水蜜桃酸奶代替原味酸奶，从而制作出草莓酸奶冰激凌、水蜜桃酸奶冰激凌。

almonds bar

哈根达斯杏仁冰棒

· 原料 4人份 ·

牛奶100ml，鲜奶油100ml，
蛋黄1个，糖38g，
包裹用巧克力300g，
碎杏仁块30g

富含杏仁的巧克力脆皮哈根达斯冰棒虽然味道好，但价格高，所以无法经常买来吃。现在来挑战一下亲手制作吧。

制作

1 搅拌蛋黄、糖、加热后的牛奶 将蛋黄和糖用打蛋器搅拌，一边缓缓倒入加热后的牛奶一边搅拌。

2 加热原料并用筛网过滤 将步骤1倒入小锅中，一边均匀搅拌一边加热至77~79℃，然后用筛网过滤。

3 添加鲜奶油 在盆中放入冰块并放置在步骤2的下方，冷却至5℃后，添加稍微打出泡沫的鲜奶油。

4 装进模具并冷冻 将步骤3倒入模具内，并插上杆后冷冻。

5 融化巧克力并添加杏仁 将包裹用巧克力用中火融化，添加碎杏仁块后搅拌。

6 包裹巧克力 将冷冻的冰棒浸泡在步骤5中，包裹上巧克力杏仁外皮。

Tips 将冰棒浸泡入巧克力后可能会融化，所以操作速度应快些。可将融化后的巧克力倒入杯中，将冰棒完全浸泡后迅速拿出。

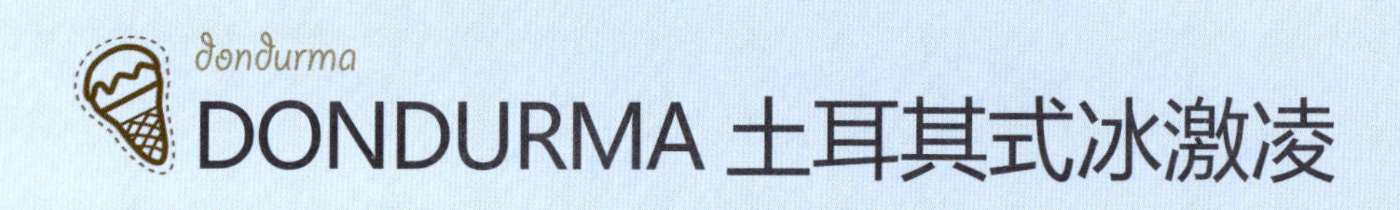

dondurma

DONDURMA 土耳其式冰激凌

· 原料 4人份 ·

牛奶300ml，
炼乳100ml，
淀粉23g，
蜂蜜7ml

DONDURMA的柔韧质感来自于中东特有的植物及乳香，这在中东以外的地区很难找寻到。使用炼乳和淀粉能够制作出相似的质感。

制作

1 加热牛奶、淀粉 将牛奶和淀粉一边搅拌一边用小火加热。

2 添加炼乳加热 淀粉完全融化后，添加炼乳持续搅拌，并加热至变稠。

3 冷却 将步骤2倒入碗中，添加蜂蜜后盖上碟子冷却。

4 冷冻并搅拌 将步骤3盛装进容器冷冻6~8小时后，用叉子搅拌。30分钟后再搅拌一次。

Tips

DONDURMA较其他冰激凌冷冻后更易变硬。提前约15分钟取出，稍微融化后再用叉子搅拌即可。食用时，可在室温下放置片刻，待稍微融化后再吃，口感更加绵软。

著作权合同登记号：图字16—2012—081

图书在版编目（CIP）数据

盛夏的冰激凌/（韩）李知垠著；郑丹丹译.—郑州：河南科学技术出版社，2013.6

ISBN 978-7-5349-6162-5

Ⅰ.①盛… Ⅱ.①李… ②郑… Ⅲ.①冰激凌—制作 Ⅳ.①TS277

中国版本图书馆CIP数据核字（2013）第112576号

出版发行：河南科学技术出版社

地址：郑州市经五路66号　　邮编：450002

电话：（0371）65737028　　65788613

网址：www.hnstp.cn

策划编辑：李　洁

责任编辑：孟凡晓

责任校对：徐小刚

封面设计：张　伟

责任印制：张艳芳

印　　刷：北京盛通印刷股份有限公司

经　　销：全国新华书店

幅面尺寸：170 mm×235 mm　　印张：8.5　　字数：100千字

版　　次：2013年6月第1版　　2013年6月第1次印刷

定　　价：29.80元